Star of David, Seal of Vishnu, & Tetraktys Possibly Explained,

and How to Make Eyes Sparkle

123456789--1	483726159--4	753186429--7
357924681	321987654	384951627
837261594	531864297	234567891
219876543	849516273	579246813
318642975	345678912	372615948
495162738	792468135	198765432
456789123	726159483	186429753
924681357	987654321	951627384
261594837	864297531	567891234
876543219--8	516273849--5	246813579--2
642975318	678912345	615948372
162738495	468135792	765432198
789123456	159483726	429753186
681357924	654321987	627384951
594837261	297531864	891234567
543219876	273849516	813579246
975318642	912345678	948372615
738495162	135792468	432198765

ISBN 0-7414-5278-2

Published by:

INFINITY
PUBLISHING.COM
1094 New DeHaven Street, Suite 100
West Conshohocken, PA 19428-2713
Info@buybooksontheweb.com
www.buybooksontheweb.com
Toll-free (877) BUY BOOK
Local Phone (610) 941-9999
Fax (610) 941-9959

Printed in the United States of America

Published July 2010

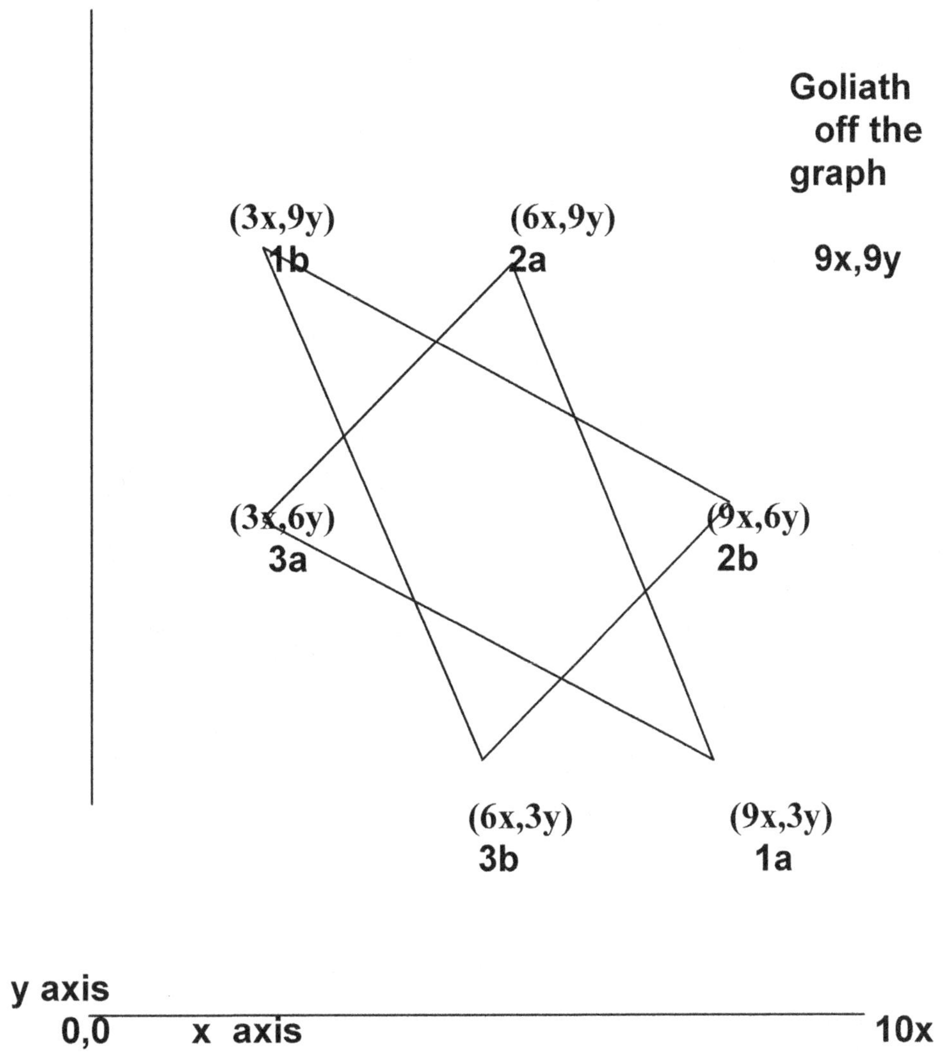

The Shield of David is the graphing of points (9x,3y) being (1a); (6x,9y) being (2a); (3x,6y) being (3a); then it is (3x,9y) being (1b); (9x,6y) being (2b); and (6x,3y) being (3b). Being still yet, there is still an important number being the graphed (9x,9y). Then being graphed to significance in battle of ancient King David, and Goliath the Philistine possibly.

कुलचिह्नफलक डेविडि के graphing मुद्दे क (9x, 3y) कयि ज रहाहै (1क); (6x, 9y) कयि ज रहाहै (3); (3x, 6y) कयि ज रहाहै (3ए); ते यह (3x, 9y) कयि ज रहाहै (1बी); (9x, 6y) कयि ज रहाहै (2ख); और (6x, 3y) कयि ज रहाहै । अभी भी अभी कयि ज रहा है, अभी भी एक महत्वपूरणसंख्य की ज रही graphed (9x, 9y) । उसके बाद में महत्वके graphed ज रही लड़ाई के प्राचीन राज डेविडि, और goliath के विषिय सक्तसंभवतः

(9x ، 3y) طاقنلا نم ةينايب مورسرب وه دواد عرد
(1a) يراجلا ، (6x ، 9y) يراجلا (2a) (3x ، 6y)
(3a) يراجلا ، مث نمو (3x ، 9y) يراجلا (1b) (9x ، 6y) يراجلا (2b) و (6x ، 3y) يراجلا (3b). لازي ال مورسر يه ماه ددع كانه لازي ال ، نآلا ىتح يرجي ةينايب (9x ، 9y). مورسر كلذ دعب يرجيو ، دواد كلملا ةميدقلا ةكرعملا ةيمهألا ةينايب يرطسلفلا تايلج امبرو.

תודוקנה אוה דוד ןגמ (9x, 3y) (א 1); (6x, 9y) תויהל (2a); (םילסקיפב 3x, 6y) (א 3); איה זא (םילסקיפב 3x, 9y) תויהל (1b) ; (9x, 6y) תויהל (ב 2); ו (6x, 3y) (ב 3). תויהל עדיין םע תאז ,שי עדיין רפסמ בושה תויהל ףרגב (9x, 9y). זא ףרגב ידכ תויהל תועמשמ הקרב העתיק של המלך דוד ,תיילוגו תא ילואו יתשלפ.

데비드의 방패는 점 (3x, 6y)의 도표로 나타내는, (6x, 9y), (9x, 3y)이다, 그 후에 (6x, 3y), (3x, 9y), 그리고 이다 (9x, 6y). , 거기 지금도 도표로 나타난 인 중요한 수이다 아직 지금도 인 것은 (9x, 9y).

다음에 도표로 나타나기 고대 임금의 데비드 전투에 있는 중요성, 그리고 Goliath 가능하의

Ang Shield ng David ay ang graphing ng points (9x, 3y) na (1a); (6x, 9y) na (2a); (3x, 6y) na (3A); pagkatapos na ito ay (3x, 9y) na (1b); (9x, 6y) na (2b); at (6x, 3y) na (3b). Bilang pa rin pa, mayroon pa rin ang isang mahalagang numero na ang graph (9x, 9y). Pagkatapos igina-graph sa kabuluhan sa larangan ng sinaunang King David, at Golayat ang pilistino marahil.

デイヴィッドの盾はポイント(3x、6y)の図示、(6x、9y)、(9x、3y)である、そして(6x、3y)、(3x、9y)、およびある(9x、6y)。

、そこに今でも図示されるである重要な数であるまだ今でもあることは(9x、9y)。

それからに図示される

古代王のデイヴィッド戦いの重大さ、お

よびゴリアテ多分ペリシテ人。

大卫盾是注标点(3x， 6y)，(6x， 9y)，(9x， 3y)，然后它是(6x， 3y)，(3x， 9y)，和(9x， 6y)。
是仍然，仍有是一个重要的数字被注标的(9x， 9y)。 然后被注标
在古老国王大卫争斗的意义和巨人可能鄙俗。

O protetor de David é a representação gráfica dos pontos (9x, 3y) sendo (1a); (6x, 9y) sendo (2a); (3x, 6y) sendo (3a); então (3x, 9y) está sendo (1b); (9x, 6y) sendo (2b); e (6x, 3y) sendo (3b). Ser ainda ainda, lá é ainda um número importante que é representado graficamente (9x, 9y). Então sendo representado graficamente ao significado na batalha do rei antigo David, e ao Goliath o Philistine possivelmente.

Экран Дэвид изображать диаграммой

пунктов (3x, 6y), (6x, 9y), (9x, 3y), тогда он (6x, 3y), (3x, 9y), и (9x, 6y). Иметь все еще пока, все еще важный номер изображенное (9x, 9y). После этого изображаемо диаграммой к значительность в сражении стародедовского короля Дэвид, и Голиаф по возможности.

Η ασπίδα του Δαβίδ είναι να δώσει με γραφική παράσταση των σημείων (9x, 3y) που είναι (1a) (6x, 9y) όντας (2a) (3x, 6y) όντας (3a) κατόπιν (3x, 9y) είναι (1b) (9x, 6y) όντας (2b) και (6x, 3y) όντας (3b). Όντας ακόμα ακόμα, υπάρχει ακόμα ένας σημαντικός αριθμός που είναι (9x, 9y). Κατόπιν στη σημασία στη μάχη του αρχαίου βασιλιά Δαβίδ, και Goliath ο φιλισταίος ενδεχομένως.

The Shield of David noktaları (9x, 3y) olmak (1a) (6x, 9y) olmak (2a) (3x, 6y) olmak (3a) ve sonra (3x, 9y) olmak (1b olan grafik ise) (9x, 6y) olan (2b) ve (6x, 3y) olmak (3b). Hala henüz olarak hala önemli bir sayı grafiği (9x, 9y olmak) olduğunu. Sonra önem için antik King of

David savaşta ve Goliath ve Filistinli olasılıkla grafik olarak.

Das Schild von David ist die grafische Darstellung der Punkte (9x, 3y) seiend (1a); (6x, 9y) seiend (2a); (3x, 6y) seiend (3a); dann ist es (3x, 9y) (1b); (9x, 6y) seiend (2b); und (6x, 3y) seiend (3b). Noch schon sein, dort ist noch eine wichtige Zahl, die grafisch dargestellt ist (9x, 9y). Dann, vielleicht grafisch darstellend zur Bedeutung im Kampf des alten Königs David und zu Goliath der Philister.

Le bouclier de David est le croisement des deux triangles étant 3x 6y ; 6x 9y ; 9x 3y ; puis son 9x 6y ; 6x 3y ; 3x 9y avec le point 9x 9y étant comme un caillou allant loin des triangles étant
supportées sous une forme diagonale formant un bouclier regardant la défense, qui Goliath étant outre du graphique.

Het schild van David is het grafisch voorstellen van punten die (9x, 3y) (1a) zijn; (6x, 9y) zijnd (2a); (3x, 6y) zijnd (3a); dan is het (3x, 9y) (1B); (9x, 6y) zijnd (2b); en (6x, 3y) zijnd (3b). Zijnd nog nog, is er nog een belangrijk aantal dat grafisch voorgesteld (9x, 9y) is. Dan misschien wordt grafisch voorgesteld aan betekenis in slag van oude Koning David, en Kolos Acultureel.

Lo schermo di David è rappresentare graficamente dei punti (9x, 3y) che sono stato (1a); (6x, 9y) essendo (2a); (3x, 6y) essendo (3a); allora (3x, 9y) sta essendo (1b); (9x, 6y) essendo (2b); e (6x, 3y) essendo (3b). Essere ancora ancora, là è ancora un numero importante che è rappresentato graficamente (9x, 9y). Allora essendo rappresentando graficamente all'importanza nella battaglia del re antico David ed a Goliath il filisteo possibilmente.

El protector de David es la representación gráfica gráficamente de los puntos (9x, 3y) siendo (1a); (6x, 9y) siendo (2a); (3x, 6y) siendo (3a); entonces (3x, 9y) está estando (1b); (9x, 6y) siendo (2b); y (6x, 3y) siendo

(3b). Todavía el estar todavía, allí sigue siendo un número importante que es gráfico gráficamente (9x, 9y). Entonces siendo representado gráficamente a la significación en batalla de rey antiguo David, y a Goliath el filisteo posiblemente.

Mburoja e David është pikë e graphing (9x, 3y) u (1a); (6x, 9y) u (2a); (3x, 6y) u (3a); atëherë është (3x, 9y) u (1b); (9x, 6y) u (2b); dhe (6x, 3y) u (3b). Duke qenë ende ende, ende ka një numër të rëndësishme që po e graphed (9x, 9y). Pastaj u graphed të rëndësisë në betejën e lashtë mbreti David, Goliath dhe mundësisht të filistin.

Щита на Давид е на графики на точки (9x, 3y) е (1a); (6x, 9y) е (2a) (3x, 6y) е (3a), тогава тя е (3x, 9y) е (1б); (9x, 6y) е (2b) и (6x, 3y) е (3б). Като все още продължава, все още има значителен брой са graphed (9x, 9y). Тогава се graphed до значение в битката на древния цар Давид и Голиат филистимеца вероятно.

El Escudo de David és la representació gràfica dels punts (9x, 3y) està (1a) (6x, 9y) està (2a) (3x, 6Y) està (3a), llavors és (3x, 9y) està (1b); (9x, 6Y) està (2b), i (6x, 3y) està (3b). Segueix sent, però, encara hi ha un nombre important és el gràfic (9x, 9y). Després que s'està representant gràficament importància a la batalla de l'antiga Rei David, Goliat i els filisteos possiblement.

Davidov štit je graphing bodova (9x, 3y), dob (1a); (6x, 9y), dob (2a); (3x, 6y), dob (3a), onda je (3x, 9y), dob (1b); (9x, 6y), dob (2b) i (6x, 3y), dob (3b). Budući da je još dalje, još uvijek važan broj je graphed (9x, 9y). Tada se graphed na značenju u boju starog kralja Davida i Golijata Filistejca eventualno.

Štít David je grafickým bodů (9x, 3y) je (1), (6x, 9y) je (2a), (3x, 6y) byl (3a), pak je (3x, 9y) byl (1b); (9x, 6y) byl (2b), a (6x, 3y) byl (3b). Být stále ještě stále existuje významný počet je graphed (9x, 9y). Pak zobrazované v grafu na významu v bitvě u starobylého krále Davida a Goliáše Filistinského možná.

Skjoldet af David er Graphing punkter (9x, 3Y) bliver (1a), (6x, 9y) er (2a) (3x, 6y) bliver (3a), så er det (3x, 9y) bliver (1b); (9x, 6y) bliver (2b) og (6x, 3Y) bliver (3b). Bliver stadig endnu, er der stadig et stort antal er graf (9x, 9y). Så der vises i diagrammet til betydning i kamp med gamle kong David og Goliat de Philistine evt.

Kilbis David on Graafilises pallides (9x, 3a) on (1 a), (6x, 9y) on (2a); (3x, 6y) on (3a), siis on (3x, 9y) on (1b); (9x, 6y) on (2b) ja (6x, 3a) on (3b). Olles ikka veel, on veel oluline hulk on graafiliselt (9x, 9y). Siis on graafiliselt mis tähtsust lahing ancient King David, ja Goljatin on Filistealainen võimalusel.

The Shield David on Graphing pisteitä (9x, 3y) on (1 a), (6x, 9y) on (2 a), (3x, 6Y) on (3a), sitten se on (3x, 9y) on (1b), (9x, 6Y) on (2 b) ja (6x, 3y) on (3b). Ovat yhä vielä on edelleen tärkeä määrä on Kaaviossa näytetään (9x, 9y). Sitten ollaan Kaaviossa näytetään sen merkitys taistelun muinainen kuningas Daavid ja Goljat, että filistealainen mahdollisesti.

O escudo de David é o gráfico de puntos (9x, 3a) a ser (1a); (6x, 9y) estar (2a); (3x, 6y) a ser (3a), entón é (3x, 9y) estar (1b); (9x, 6y) estar (2b) e (6x, 3a) a ser (3b). Sendo aínda, no entanto, aínda existe un número importante é o gráfico (9x, 9y). A continuación, a ser amosadas ao significado na batalla do vello rei Davi e Golias o filistino posiblemente.

A Shield Dávid a grafikonozás pont (9x, 3y) az (1a), (6x, 9y) a (2a), (3x, 6Y) a (3a), akkor (3x, 9y) az (1b); (9x, 6Y) a (2b) és (6x, 3y) a (3b). Arra is még, van még egy fontos szám az a graphed (9x, 9y). Akkor graphed annak jelentőségét, hogy a csatában a régi King Dávid és Góliát a filiszteus lehetőség.

The Shield Daud adalah grafik yang poin (9x, 3y) sedang (1a); (6x, 9y) menjadi (2a); (3x, 6y) sedang (3a); maka (3x, 9y) sedang (1b); (9x, 6y) sedang (2b), dan (6x, 3y) sedang (3b). Yang masih belum, masih ada nomor yang penting adalah grafiknya (9x, 9y). Kemudian yang dibuat dalam grafik untuk kepentingan dalam peperangan kuno dari Raja Daud, dan Goliat yang Filistin mungkin.

Aizsega David ir grafikus apakšpunkta (9x, 3g) ir (1a); (6x, 9y) ir (2a); (3x, 6y) ir (3a), tad tas ir (3x, 9y) ir (1b); (9x, 6y) ir (2b), un (6x, 3g) ir (3b). Tā joprojām vēl joprojām ir nozīmīgs skaits ir graphed (9x, 9y). Tad tiek graphed līdz nozīme kaujas seno King David, un Goliath ar filistrs iespējams.

Skydas Dovydo yra diagramų taškų (9x, 3y) yra (1a); (6x, 9y) yra (2a); (3x, 6y) yra (3a), tada jis (3x, 9y) yra (1b); (9x, 6y) yra (2b) ir (6x, 3y) yra (3b). Būdama vis dar vis dar reikšmingas skaičius yra grafika (9x, 9y). Tada yra grafika ir reikšmę mūšio senovės karaliaus Dovydo ir Goliata, Filistyna galbūt.

Il-Shield tal David hija l-graphs tal-punti (9x, 3y) tiġi (1a); (6x, 9y) tiġi (2a); (3x, 6y) tiġi (3a); allura huwa (3x, 9y) tiġi (1b); (9x, 6y) tiġi (2b); u (6x, 3y) tiġi (3b). Illi għadu s'issa, għad hemm numru importanti huma l-graphed (9x, 9y). Imbagħad ikun graphed għall sinifikat fil-battalja ta 'qedem King David, u l-Philistine Goliath possibilment.

The Shield of David er grafikkverktøyet av punkter (9x, 3y) som (1a), (6x, 9y) som (2a), (3x, 6y) blir (3a), og det er (3x, 9y) som (1b), (9x, 6y) som (2b) og (6x, 3y) blir (3b). Blir likevel ennå, er det fortsatt et viktig tall som de diagrammet (9x, 9y). Deretter blir diagrammet til betydning i kampen om gamle kong David og Goliat i Philistine muligens.

Tarcza Dawida jest graficznym punktów (9x, 3y) jest (1a), (6x, 9y) jest (2a), (3x, 6y) jest (3a), a następnie jest on (3x, 9y) jest (1b); (9x, 6y) jest (2b), oraz (6x, 3y) jest (3b). Będąc wciąż jeszcze nie jest jeszcze ważny numer jest wykresie (9x, 9y). Czym na wykresie znaczenie w walce starożytnego króla Dawida, i ewentualnie Filistyna Goliata.

Štít David je grafickým bodov (9x, 3y) je (1), (6x, 9Y) je (2a), (3x, 6Y) bol (3a), potom je (3x, 9Y) bol (1b); (9x, 6Y) bol (2b), a (6x, 3y) bol (3b). Byť ešte stále existuje významný počet je graphed (9x, 9Y). Potom zobrazované v grafe na význame v bitke u starobylého kráľa Davida a Goliáš Filistinského možná.

The Shield of David je grafov točk (9x, 3y) se (1a); (6x, 9y) se (2a), (3x, 6y) se (3a), potem je (3x, 9y) se (1b); (9x, 6y) se (2b) in (6x, 3y) se (3b). Pri čemer še vedno, da je še vedno pomembno število je graphed (9x, 9y). Potem pa graphed da pomen v boju starodavnega kralja Davida in Goljata Filistejca možnosti.

El Escudo de David es el graphing de

puntos (9x, 3y) siendo (1a); (6x, 9y) siendo (2a); (3x, 6y) siendo (3a); entonces es (3x, 9y) siendo (1b); (9x, 6y) siendo (2b); (y 6x, 3y) siendo (3b). Siendo todavía aún, hay todavía un número importante que es el graphed (9x, 9y). Entonces siendo graphed a significado en batalla de Rey antiguo David, y Goliat el Filisteo posiblemente.

The Shield Davids är Graphing punkter (9x, 3y) att (1a), (6x, 9y) att (2a), (3x, 6y) att (3a), så är det (3x, 9y) som (1b), (9x, 6y) att (2b), och (6x, 3y) att (3b). Att fortfarande ändå finns det fortfarande ett stort antal är det ett diagram (9x, 9y). Då är ett diagram för att betydelsen av slaget vid forntida kung David och Goliat i filisté möjligen.

การบังของเดวิดเป็น graphing ของจุด (9x, 3y) การ (ที่ 1a) (6x, 9y) การ (2a) (3x, 6y) การ (3A); ก็คือ (3x, 9y) การ (1B); (9x, 6y) การ (2b) และ (6x, 3y) การ (3b). การยังคงยังมีที่สำคัญยังคงเป็นหมายเลข graphed (9x, 9y). ดังนั้นการ graphed

ให้ความสำคัญในการรบของสมเด็จพระโบราณเดวิดและ Goliath ที่ Philistine อาจ.

Щит Давида є графічний окулярів (9x, 3Y) час (1a); (6x, 9y) час (2a); (3x, 6y) час (3A), після чого він (3x, 9y) час (1b); (9x, 6y) час (2B) і (6x, 3Y) час (3b). Будучи ще тим не менш, все ще існує велика кількість часу на графіку (9x, 9y). Потім на графіку за значущістю в битві стародавнього царя Давида та Голіята филистимлянина можливо.

Các Shield của David là đồ họa của số điểm (9x, 3y) được (1a); (6x, 9y) được (2a), (3x, 6y) được (3a), sau đó nó được (3x, 9y) được (1b); (9x, 6y) được (2b); và (6x, 3y) được (3b). Vẫn chưa được, vẫn còn có một số điều quan trọng là vẽ đồ thị (9x, 9y). Sau đó được vẽ đồ thị để quan trọng trong trận chiến cổ xưa của vua David và Goliath trong Philistine có thể.

The Babylonians, in being some of firsts of writing, and the ancient scale of 60, "Sexagesimal," of clock.

1 2 3 4 5 6 7 8 9 10 11 12 13 14 15 16 17 18 19 20 21 22 23 24 25 26 27
28 29 30 31 32 33 34 35 36 37 38 39 40 41 42 43 44 45 46 47 48 49 50 51 52 53
54 55 56 57 58 59 60

3 5 7 9 2 4 6 8 1 3 5 7 9 2 4 6 8 1 3 5 7 9 2 4 6 8 1 3 5 7 9 2 4 6 8 1 3 5 7 9 2 4 6 8 1 3 5 7 9 2 4 6 8 1 3 5 7 9 2

8 3 7 2 6 1 5 9 4 8 3 7 2 6 1 5 9 4 8 3 7 2 6 1 5 9 4 8 3 7 2 6 1 5 9 4 8 3 7 2 6 1 5 9 4 8 3 7 2 6 1 5 9 4 8 3 7 2

2 1 9 8 7 6 5 4 3 2 1 9 8 7 6 5 4 3 2 1 9 8 7 6 5 4 3 2 1 9 8 7 6 5 4 3 2 1 9 8 7 6 5 4 3 2 1 9 8 7 6 5 4 3 2 1 9

3 1 8 6 4 2 9 7 5 3 1 8 6 4 2 9 7 5 3 1 8 6 4 2 9 7 5 3 1 8 6 4 2 9 7 5 3 1 8 6 4 2 9 7 5 3 1 8 6 4 2 9 7 5 3 1

4 9 5 1 6 2 7 3 8 4 9 5 1 6 2 7 3 8 4 9 5 1 6 2 7 3 8 4 9 5 1 6 2 7 3 8 4 9 5 1 6 2 7 3 8 4 9 5 1 6 2 7 3 8 4

4 5 6 7 8 9 1 2 3 4 5 6 7 8 9 1 2 3 4 5 6 7 8 9 1 2 3 4 5 6 7 8 9 1 2 3 4 5 6 7 8 9 1 2 3 4 5 6 7 8 9 1 2 3

9 2 4 6 8 1 3 5 7 9 2 4 6 8 1 3 5 7 9 2 4 6 8 1 3 5 7 9 2 4 6 8 1 3 5 7 9 2 4 6 8 1 3 5 7 9 2 4 6 8 1 3 5

2 6 1 5 9 4 8 3 7 2 6 1 5 9 4 8 3 7 2 6 1 5 9 4 8 3 7 2 6 1 5 9 4 8 3 7 2 6 1 5 9 4 8 3 7 2 6 1 5 9 4 8

8 7 6 5 4 3 2 1 9 8 7 6 5 4 3 2 1 9 8 7 6 5 4 3 2 1 9 8 7 6 5 4 3 2 1 9 8 7 6 5 4 3 2 1 9 8 7 6 5 4 3

6 4 2 9 7 5 3 1 8 6 4 2 9 7 5 3 1 8 6 4 2 9 7 5 3 1 8 6 4 2 9 7 5 3 1 8 6 4 2 9 7 5 3 1 8 6 4 2 9 7

1 6 2 7 3 8 4 9 5 1 6 2 7 3 8 4 9 5 1 6 2 7 3 8 4 9 5 1 6 2 7 3 8 4 9 5 1 6 2 7 3 8 4 9 5 1 6 2 7

7 8 9 1 2 3 4 5 6 7 8 9 1 2 3 4 5 6 7 8 9 1 2 3 4 5 6 7 8 9 1 2 3 4 5 6 7 8 9 1 2 3 4 5 6 7 8 9

6 8 1 3 5 7 9 2 4 6 8 1 3 5 7 9 2 4 6 8 1 3 5 7 9 2 4 6 8 1 3 5 7 9 2 4 6 8 1 3 5 7 9 2 4 6 8

5 9 4 8 3 7 2 6 1 5 9 4 8 3 7 2 6 1 5 9 4 8 3 7 2 6 1 5 9 4 8 3 7 2 6 1 5 9 4 8 3 7 2 6 1 5

5 4 3 2 1 9 8 7 6 5 4 3 2 1 9 8 7 6 5 4 3 2 1 9 8 7 6 5 4 3 2 1 9 8 7 6 5 4 3 2 1 9 8 7 6

9 7 5 3 1 8 6 4 2 9 7 5 3 1 8 6 4 2 9 7 5 3 1 8 6 4 2 9 7 5 3 1 8 6 4 2 9 7 5 3 1 8 6 4

7 3 8 4 9 5 1 6 2 7 3 8 4 9 5 1 6 2 7 3 8 4 9 5 1 6 2 7 3 8 4 9 5 1 6 2 7 3 8 4 9 5 1

1 2 3 4 5 6 7 8 9 1 2 3 4 5 6 7 8 9 1 2 3 4 5 6 7 8 9 1 2 3 4 5 6 7 8 9 1 2 3 4 5 6

3 5 7 9 2 4 6 8 1 3 5 7 9 2 4 6 8 1 3 5 7 9 2 4 6 8 1 3 5 7 9 2 4 6 8 1 3 5 7 9 2

8 3 7 2 6 1 5 9 4 8 3 7 2 6 1 5 9 4 8 3 7 2 6 1 5 9 4 8 3 7 2 6 1 5 9 4 8 3 7 2

2 1 9 8 7 6 5 4 3 2 1 9 8 7 6 5 4 3 2 1 9 8 7 6 5 4 3 2 1 9 8 7 6 5 4 3 2 1 9

3 1 8 6 4 2 9 7 5 3 1 8 6 4 2 9 7 5 3 1 8 6 4 2 9 7 5 3 1 8 6 4 2 9 7 5 3 1

4 9 5 1 6 2 7 3 8 4 9 5 1 6 2 7 3 8 4 9 5 1 6 2 7 3 8 4 9 5 1 6 2 7 3 8 4

4 5 6 7 8 9 1 2 3 4 5 6 7 8 9 1 2 3 4 5 6 7 8 9 1 2 3 4 5 6 7 8 9 1 2 3

9 2 4 6 8 1 3 5 7 9 2 4 6 8 1 3 5 7 9 2 4 6 8 1 3 5 7 9 2 4 6 8 1 3 5

2 6 1 5 9 4 8 3 7 2 6 1 5 9 4 8 3 7 2 6 1 5 9 4 8 3 7 2 6 1 5 9 4 8

8 7 6 5 4 3 2 1 9 8 7 6 5 4 3 2 1 9 8 7 6 5 4 3 2 1 9 8 7 6 5 4 3

6 4 2 9 7 5 3 1 8 6 4 2 9 7 5 3 1 8 6 4 2 9 7 5 3 1 8 6 4 2 9 7

1 6 2 7 3 8 4 9 5 1 6 2 7 3 8 4 9 5 1 6 2 7 3 8 4 9 5 1 6 2 7

7 8 9 1 2 3 4 5 6 7 8 9 1 2 3 4 5 6 7 8 9 1 2 3 4 5 6 7 8 9

6 8 1 3 5 7 9 2 4 6 8 1 3 5 7 9 2 4 6 8 1 3 5 7 9 2 4 6 8

5 9 4 8 3 7 2 6 1 5 9 4 8 3 7 2 6 1 5 9 4 8 3 7 2 6 1 5

5 4 3 2 1 9 8 7 6 5 4 3 2 1 9 8 7 6 5 4 3 2 1 9 8 7 6

9 7 5 3 1 8 6 4 2 9 7 5 3 1 8 6 4 2 9 7 5 3 1 8 6 4

7 3 8 4 9 5 1 6 2 7 3 8 4 9 5 1 6 2 7 3 8 4 9 5 1

1 2 3 4 5 6 7 8 9 1 2 3 4 5 6 7 8 9 1 2 3 4 5 6

3 5 7 9 2 4 6 8 1 3 5 7 9 2 4 6 8 1 3 5 7 9 2

8 3 7 2 6 1 5 9 4 8 3 7 2 6 1 5 9 4 8 3 7 2

2 1 9 8 7 6 5 4 3 2 1 9 8 7 6 5 4 3 2 1 9-----7

3 5 7 9 2 4 6 8 1 3 5 7 9 2 4 6 8 1 3 5

8 3 7 2 6 1 5 9 4 8 3 7 2 6 1 5 9 4 8

2 1 9 8 7 6 5 4 3 2 1 9 8 7 6 5 4 3 ------6

3 1 8 6 4 2 9 7 5 3 1 8 6 4 2 9 7

4 9 5 1 6 2 7 3 8 4 9 5 1 6 2 7

4 5 6 7 8 9 1 2 3 4 5 6 7 8 9 ------5

9 2 4 6 8 1 3 5 7 9 2 4 6 8

2 6 1 5 9 4 8 3 7 2 6 1 5

8 7 6 5 4 3 2 1 9 8 7 6 -------4

6 4 2 9 7 5 3 1 8 6 4

1 6 2 7 3 8 4 9 5 1

7 8 9 1 2 3 4 5 6 ------ 3

6 8 1 3 5 7 9 2

5 9 4 8 3 7 2

5 4 3 2 1 9 ------ 2

9 7 5 3 1

7 3 8 4

1 2 3 -----1

3 5

8

Possibly, being the top most point of triangle is like the head of ancient King David himself, and throwing the pebble as the imagined point (6x, 9y), being as swift as eye can see, while in optical shifting of the points (3x, 9y).

Added, 1st number(s) and 2nd number(s); then 2nd and 3rd; and so forth to make second line.

Then making (9+6 making 15, then also 1+5, making 6 being the number above, and also 6+3, then making 9) and so forth.

Now different than above next, add 1st number(s) and 2nd number(s); then 3rd and 4th, instead of 2nd and 3rd, numbers being added like the previous addition sequence, just before the next set of numbers.

Then described on next page is a placement of the numbers in amounts next to each other. Being number nine in Kabbala as described "foundation."

12345678**9** – 1	48372615**9** – 4	75318642**9** -- 7
372615**9**48	318642**9**75	345678**9**12
18642**9**753	45678**9**123	72615**9**483
912345678	**9**48372615	**9**75318642
15**9**483726	42**9**753186	78**9**123456
642**9**75318	678**9**12345	615**9**48372
24681357**9** – 2	51627384**9** – 5	87654321**9** -- 8
654321**9**87	681357**9**24	627384**9**51
27384**9**516	54321**9**876	81357**9**246
924681357	**9**51627384	**9**87654321
21**9**876543	57**9**246813	84**9**516273
384**9**51627	321**9**87654	357**9**24681
369369369	639639639	999999999 -- 9
936936936	963963963	999999999

12**3**45**6**78**9**--1	48**3**72**6**15**9**--4	75**3**18**6**42**9**--7
357**9**24**6**81	321987654	384951627
8**3**72**6**15**9**4	531864297	234567891
21**9**87**6**54**3**	849516273	579246813
318**6**42**9**75	345678912	372615948
4**9**51**6**27**3**8	792468135	198765432
45**6**78**9**12**3**	726159483	186429753
924**6**81**3**57	987654321	951627384
2**6**15**9**48**3**7	864297531	567891234
87**6**54**3**21**9**--8	516273849--5	246813579--2
642**9**75**3**18	678912345	615948372
1**6**27**3**84**9**5	468135792	765432198
78**9**12**3**45**6**	159483726	429753186
681**3**57**9**24	654321987	627384951

594837261
543219876
975318642
738495162

297531864
273849516
912345678
135792468

891234567
813579246
948372615
432198765

246813579--2
615948372
765432198
429753186
627384951
891234567
813579246
948372615
432198765
753186429--7
384951627
234567891
579246813
372615948
198765432
186429753
951627384
567891234

516273849—5
678912345
468135792
159483726
654321987
297531864
273849516
912345678
135792468
483726159—4
321987654
531864297
849516273
345678912
792468135
726159483
987654321
864297531

876543219--8
642975318
162738495
789123456
681357924
594837261
543219876
975318642
738495162
123456789--1
357924681
837261594
219876543
318642975
495162738
456789123
924681357
261594837

369369369—3
963963963
639639639—6
936936936
396396396

639639639—6
936936936
396396396
369369369--3
963963963

9999999999-9 repeat

333 666666 999999999 333 666666 999999999 333 666666 999999999 666666 333 999999999 666666 333 999999999 666666 333 999999999 999999999 9999999 999999999 999999.......
999999999 333 666666 999999999 333 666666 999999999 333 666666 999999999 666666 333 999999999 666666 333 999999999 666666 333 999999999 9999999 999999999 999999999

1 22 333 4444 55555 666666 7777777 88888888 999999999 4444 88888888 333 7777777 22 666666 1 55555 999999999 7777777 55555 333 1 88888888 666666 4444 22 999999999
333 7777777 22 666666 1 55555 999999999 4444 88888888 333 1 88888888 666666 4444 22 999999999 7777777 55555 333 4444 55555 666666 7777777 88888888 999999999 1 22
1 88888888 666666 4444 22 999999999 7777777 55555 333 4444 55555 666666 7777777 88888888 999999999 1 22 333 7777777 22 666666 1 55555 999999999 4444 88888888 333
999999999 1 22 333 4444 55555 666666 7777777 88888888 999999999 4444 88888888 333 7777777 22 666666 1 55555 999999999 7777777 55555 333 1 88888888 666666 4444 22
1 55555 999999999 4444 88888888 333 7777777 22 666666 4444 22 999999999 7777777 55555 333 1 88888888 666666 7777777 88888888 999999999 1 22 333 4444 55555 666666
666666 4444 22 999999999 7777777 55555 333 1 88888888 666666 7777777 88888888 999999999 1 22 333 4444 55555 666666 1 55555 999999999 4444 88888888 333 7777777 22
22 4444 666666 88888888 1 333 55555 7777777 999999999 55555 1 666666 22 7777777 333 88888888 4444 999999999 88888888 7777777 666666 55555 4444 333 22 1 999999999
666666 55555 4444 333 22 1 999999999 88888888 7777777 666666 88888888 1 333 55555 7777777 999999999 22 4444 666666 22 7777777 333 88888888 4444 999999999 55555 1
22 7777777 333 88888888 4444 999999999 55555 1 666666 55555 4444 333 22 1 999999999 88888888 7777777 666666 88888888 1 333 55555 7777777 999999999 22 4444 666666
999999999 22 4444 666666 88888888 1 333 55555 7777777 999999999 55555 1 666666 22 7777777 333 88888888 4444 999999999 88888888 7777777 666666 55555 4444 333 22 1
22 1 999999999 88888888 7777777 666666 55555 4444 333 55555 7777777 999999999 22 4444 666666 88888888 1 333 88888888 4444 999999999 55555 1 666666 22 7777777 333
333 88888888 4444 999999999 55555 1 666666 22 7777777 333 22 1 999999999 88888888 7777777 666666 55555 4444 333 55555 7777777 999999999 22 4444 666666 88888888 1

122333444455555666666777777788888888999999999444488888888333777777722666666155555999999999777777755555333188888888666666444422999999999
333777777722666666155555999999999444488888888333188888888666666444422999999999777777755555333444455555666666777777788888888999999999122
188888888666666444422999999999777777755555333444455555666666777777788888888999999999122333777777722666666155555999999999444488888888333
999999999122333444455555666666777777788888888999999999444488888888333777777722666666155555999999999777777755555333188888888666666444422
155555999999999444488888888333777777722666666444422999999999777777755555333188888888666666777777788888888999999999122333444455555666666
666666444422999999999777777755555333188888888666666777777788888888999999999122333444455555666666155555999999999444488888888333777777722
224444666666888888881333555557777777999999999555551666666227777777333888888884444999999999888888887777777666666555554444333221999999999
666666555554444333221999999999888888887777777666666888888881333555557777777999999999224444666666227777777333888888884444999999999555551
227777777333888888884444999999999555551666666555554444333221999999999888888887777777666666888888881333555557777777999999999224444666666
999999999224444666666888888881333555557777777999999999555551666666227777777333888888884444999999999888888887777777666666555554444333221
221999999999888888887777777666666555554444333555557777777999999999224444666666888888881333888888884444999999999555551666666227777777333
333888888884444999999999555551666666227777777333221999999999888888887777777666666555554444333555557777777999999999224444666666888888881

1 22 333 4444 55555 666666 7777777 88888888 999999999 1 22 333 4444 55555 666666 7777777 88888888 999999999
333 7777777 22 666666 1 55555 999999999 4444 88888888 333 7777777 22 666666 1 55555 999999999 4444 88888888
1 88888888 666666 4444 22 999999999 7777777 55555 333 1 88888888 666666 4444 22 999999999 7777777 55555 333
999999999 1 22 333 4444 55555 666666 7777777 88888888 999999999 1 22 333 4444 55555 666666 7777777 88888888
1 55555 999999999 4444 88888888 333 7777777 22 666666 1 55555 999999999 4444 88888888 333 7777777 22 666666
666666 4444 22 999999999 7777777 55555 333 1 88888888 666666 4444 22 999999999 7777777 55555 333 1 88888888
4444 88888888 333 7777777 22 666666 1 55555 999999999 4444 88888888 333 7777777 22 666666 1 55555 999999999
333 1 88888888 666666 4444 22 999999999 7777777 55555 333 1 88888888 666666 4444 22 999999999 7777777 55555
4444 55555 666666 7777777 88888888 999999999 1 22 333 4444 55555 666666 7777777 88888888 999999999 1 22 333
999999999 4444 88888888 333 7777777 22 666666 1 55555 999999999 4444 88888888 333 7777777 22 666666 1 55555
4444 22 999999999 7777777 55555 333 1 88888888 666666 4444 22 999999999 7777777 55555 333 1 88888888 666666
666666 7777777 88888888 999999999 1 22 333 4444 55555 666666 7777777 88888888 999999999 1 22 333 4444 55555
7777777 55555 333 1 8888888 666666 4444 22 9999999999 7777777 55555 333 1 8888888 666666 4444 22 9999999999
333 4444 55555 666666 7777777 88888888 999999999 1 22 333 4444 55555 666666 7777777 88888888 999999999 1 22
7777777 22 666666 1 55555 999999999 4444 88888888 333 7777777 22 666666 1 55555 999999999 4444 88888888 333
999999999 7777777 55555 333 1 88888888 666666 4444 22 999999999 7777777 55555 333 1 88888888 666666 4444 22
7777777 88888888 999999999 1 22 333 4444 55555 666666 7777777 88888888 999999999 1 22 333 4444 55555 666666
666666 1 55555 999999999 4444 88888888 333 7777777 22 666666 1 55555 999999999 4444 88888888 333 7777777 22
22 4444 666666 8888888 1 333 555555 7777777 999999999 22 4444 666666 8888888 1 333 555555 7777777 999999999
666666 55555 4444 333 22 1 999999999 88888888 7777777 666666 55555 4444 333 22 1 999999999 88888888 7777777
22 7777777 333 88888888 4444 999999999 55555 1 666666 22 7777777 333 88888888 4444 999999999 55555 1 666666
999999999 22 4444 666666 88888888 1 333 55555 7777777 999999999 22 4444 666666 88888888 1 333 55555 7777777
22 1 999999999 88888888 7777777 666666 55555 4444 333 22 1 999999999 88888888 7777777 666666 55555 4444 333
333 88888888 4444 999999999 55555 1 666666 22 7777777 333 88888888 4444 999999999 55555 1 666666 22 7777777
55555 1 666666 22 7777777 333 88888888 4444 999999999 55555 1 666666 22 7777777 333 88888888 4444 999999999
666666 88888888 1 333 55555 7777777 999999999 22 4444 666666 88888888 1 333 55555 7777777 999999999 22 4444
55555 4444 333 22 1 999999999 88888888 7777777 666666 55555 4444 333 22 1 999999999 88888888 7777777 666666
999999999 55555 1 666666 22 7777777 333 88888888 4444 999999999 55555 1 666666 22 7777777 333 88888888 4444

55555 7777777 999999999 22 4444 666666 88888888 1 333 55555 7777777 999999999 22 4444 666666 88888888 1 333
333 22 1 999999999 88888888 7777777 666666 55555 4444 333 22 1 999999999 88888888 7777777 666666 55555 4444
88888888 7777777 666666 55555 4444 333 22 1 999999999 88888888 7777777 666666 55555 4444 333 22 1 999999999
666666 22 7777777 333 88888888 4444 999999999 55555 1 666666 22 7777777 333 88888888 4444 999999999 55555 1
88888888 1 333 55555 7777777 999999999 22 4444 666666 88888888 1 333 55555 7777777 999999999 22 4444 666666
999999999 88888888 7777777 666666 55555 4444 333 22 1 999999999 88888888 7777777 666666 55555 4444 333 22 1
88888888 4444 999999999 55555 1 666666 22 7777777 333 88888888 4444 999999999 55555 1 666666 22 7777777 333
333 55555 7777777 999999999 22 4444 666666 88888888 1 333 55555 7777777 999999999 22 4444 666666 88888888 1

(***)(******)(*********)(******)(***)(*********)	<<<>>>>>>^^^^^^^^^	(^^^^^^)(^^^)(^^^^^^^^^)
(***)(*********)(******)(******)(*********)(***)	<<<^^^^^^^^^>>>>>>	(^^^^^^)(^^^^^^^^^)(^^^)
(***)(******)(*********)(******)(***)(*********)	<<<>>>>>>^^^^^^^^^	(^^^^^^)(^^^)(^^^^^^^^^)
(*********)(******)(***)(*********)(***)(******)	^^^^^^^^^>>>>>><<<	(^^^^^^^^^)(^^^)(^^^^^^)
(***)(******)(*********)(******)(***)(*********)	<<<>>>>>>^^^^^^^^^	(^^^^^^)(^^^)(^^^^^^^^^)
(*********)(******)(***)(*********)(***)(******)	^^^^^^^^^>>>>>><<<	(^^^^^^^^^)(^^^)(^^^^^^)
(******)(*********)(***)(***)(*********)(******)	>>>>>>^^^^^^^^^<<<	(^^^)(^^^^^^^^^)(^^^^^^)
(*********)(******)(***)(*********)(***)(******)	^^^^^^^^^>>>>>><<<	(^^^^^^^^^)(^^^)(^^^^^^)
(******)(*********)(***)(***)(*********)(******)	>>>>>>^^^^^^^^^<<<	(^^^)(^^^^^^^^^)(^^^^^^)
(******)(***)(*********)(***)(******)(*********)	>>>>>><<<^^^^^^^^^	(^^^)(^^^^^^)(^^^^^^^^^)
(******)(*********)(***)(***)(*********)(******)	>>>>>>^^^^^^^^^<<<	(^^^)(^^^^^^^^^)(^^^^^^)
(******)(***)(*********)(***)(******)(*********)	>>>>>><<<^^^^^^^^^	(^^^)(^^^^^^)(^^^^^^^^^)
(*********)(***)(******)(*********)(******)(***)	^^^^^^^^^<<<>>>>>>	(^^^^^^^^^)(^^^^^^)(^^^)
(******)(***)(*********)(***)(******)(*********)	>>>>>><<<^^^^^^^^^	(^^^)(^^^^^^)(^^^^^^^^^)
(*********)(***)(******)(*********)(******)(***)	^^^^^^^^^<<<>>>>>>	(^^^^^^^^^)(^^^^^^)(^^^)
(***)(*********)(******)(******)(*********)(***)	<<<^^^^^^^^^>>>>>>	(^^^^^^)(^^^^^^^^^)(^^^)
(*********)(***)(******)(*********)(******)(***)	^^^^^^^^^<<<>>>>>>	(^^^^^^^^^)(^^^^^^)(^^^)
(***)(*********)(******)(******)(*********)(***)	<<<^^^^^^^^^>>>>>>	(^^^^^^)(^^^^^^^^^)(^^^)

12 45 78 --1	48 72 15 --4	75 18 42 –7	24 81 57 --2	51 27 84 —5	87 54 21 -8
57 24 81	21 87 54	84 51 27	15 48 72	78 12 45	42 75 18
87 21 54	51 84 27	24 57 81	75 42 18	48 15 72	12 78 45
21 87 54	84 51 27	57 24 81	42 75 18	15 48 72	78 12 45
18 42 75	45 78 12	72 15 48	27 84 51	54 21 87	81 57 24
45 12 78	72 48 15	18 75 42	81 24 57	27 51 84	54 87 21
45 78 12	72 15 48	18 42 75	81 57 24	27 84 51	54 21 87
24 81 57	87 54 21	51 27 84	48 72 15	12 45 78	75 18 42
21 54 87	84 27 51	57 81 24	42 18 75	15 72 48	78 45 12
87 54 21 --8	51 27 84 --5	24 81 57 --2	75 18 42 --7	48 72 15 —4	12 45 78 --1
42 75 18	78 12 45	15 48 72	84 51 27	21 87 54	57 24 81
12 78 45	48 15 72	75 42 18	24 57 81	51 84 27	87 21 54
78 12 45	15 48 72	42 75 18	57 24 81	84 51 27	21 87 54
81 57 24	54 21 87	27 84 51	72 15 48	45 78 12	18 42 75
54 87 21	27 51 84	81 24 57	18 75 42	72 48 15	45 12 78
54 21 87	27 84 51	81 57 24	18 42 75	72 15 48	45 78 12
75 18 42	12 45 78	48 72 15	51 27 84	87 54 21	24 81 57
78 45 12	15 72 48	42 18 75	57 81 24	84 27 51	21 54 87

123 456 789	483 726 159	753 186 429
357 924 681	321 987 654	384 951 627
837 261 594	531 864 297	234 567 891
219 876 543	849 516 273	579 246 813
318 642 975	345 678 912	372 615 948
495 162 738	792 468 135	198 765 432
456 789 123	726 159 483	186 429 753
924 681 357	987 654 321	951 627 384
261 594 837	864 297 531	567 891 234
876 543 219	516 273 849	246 813 579
642 975 318	678 912 345	615 948 372
162 738 495	468 135 792	765 432 198
789 123 456	159 483 726	429 753 186
681 357 924	654 321 987	627 384 951
594 837 261	297 531 864	891 234 567
543 219 876	273 849 516	813 579 246
975 318 642	912 345 678	948 372 615
738 495 162	135 792 468	432 198 765

246 813 579	516 273 849	876 543 219
615 948 372	678 912 345	642 975 318
765 432 198	468 135 792	162 738 495
429 753 186	159 483 726	789 123 456
627 384 951	654 321 987	681 357 924
891 234 567	297 531 864	594 837 261
813 579 246	273 849 516	543 219 876
948 372 615	912 345 678	975 318 642
432 198 765	135 792 468	738 495 162
753 186 429	483 726 159	123 456 789

384 951 627	321 987 654	357 924 681
234 567 891	531 864 297	837 261 594
579 246 813	849 516 273	219 876 543
372 615 948	345 678 912	318 642 975
198 765 432	792 468 135	495 162 738
186 429 753	726 159 483	456 789 123
951 627 384	987 654 321	924 681 357
567 891 234	864 297 531	261 594 837

2468 1357 9246	5162 7384 9516	8765 4321 9876
6159 4837 2615	6789 1234 5678	6429 7531 8642
7654 3219 8765	4681 3579 2468	1627 3849 5162
4297 5318 6429	1594 8372 6159	7891 2345 6789
6273 8495 1627	6543 2198 7654	6813 5792 4681
8912 3456 7891	2975 3186 4297	5948 3726 1594
8135 7924 6813	2738 4951 6273	5432 1987 6543
9483 7261 5948	9123 4567 8912	9753 1864 2975
4321 9876 5432	1357 9246 8135	7384 9516 2738
7531 8642 9753	4837 2615 9483	1234 5678 9123
3849 5162 7384	3219 8765 4321	3579 2468 1357
2345 6789 1234	5318 6429 7531	8372 6159 4837
5792 4681 3579	8495 1627 3849	2198 7654 3219
3726 1594 8372	3456 7891 2345	3186 4297 5318
1987 6543 2198	7924 6813 5792	4951 6273 8495
1864 2975 3186	7261 5948 3726	4567 8912 3456
9516 2738 4951	9876 5432 1987	9246 8135 7924
5678 9123 4567	8642 9753 1864	2615 9483 7261

12345 67891	48372 61594	75318 64297
35792 46813	32198 76543	38495 16273
83726 15948	53186 42975	23456 78912
21987 65432	84951 62738	57924 68135
31864 29753	34567 89123	37261 59483
49516 27384	79246 81357	19876 54321
45678 91234	72615 94837	18642 97531
92468 13579	98765 43219	95162 73849
26159 48372	86429 75318	56789 12345
87654 32198	51627 38495	24681 35792
64297 53186	67891 23456	61594 83726
16273 84951	46813 57924	76543 21987
78912 34567	15948 37261	42975 31864
68135 79246	65432 19876	62738 49516
59483 72615	29753 18642	89123 45678
54321 98765	27384 95162	81357 92468
97531 86429	91234 56789	94837 26159
73849 51627	13579 24681	43219 87654

3 6 9	**6 3 9**	**3 6 9**	**6 3 9**
# 9 ^	**^ 9 #**	**3 9 6**	**6 9 3**
# ^ 9	**^ # 9**	**3 6 9**	**6 3 9**
9 ^ #	**9 # ^**	**9 6 3**	**9 3 6**
# ^ 9	**^ # 9**	**3 6 9**	**6 3 9**
9 ^ #	**9 # ^**	**9 6 3**	**9 3 6**
^ 9 #	**# 9 ^**	**6 9 3**	**3 9 6**
9 ^ #	**9 # ^**	**9 6 3**	**9 3 6**
^ 9 #	**# 9 ^**	**6 9 3**	**3 9 6**
^ # 9	**# ^ 9**	**6 3 9**	**3 6 9**
^ 9 #	**# 9 ^**	**6 9 3**	**3 9 6**
^ # 9	**# ^ 9**	**6 3 9**	**3 6 9**
9 # ^	**9 ^ #**	**9 3 6**	**9 6 3**
^ # 9	**# ^ 9**	**6 3 9**	**3 6 9**
9 # ^	**9 ^ #**	**9 3 6**	**9 6 3**
# 9 ^	**^ 9 #**	**3 9 6**	**6 9 3**
9 # ^	**9 ^ #**	**9 3 6**	**9 6 3**
# 9 ^	**^ 9 #**	**3 9 6**	**6 9 3**

(*) (**) (***) (****) (*****) (******) (*******) (********) (*********) (****) (********) (***) (*******) (**) (******) (*) (*****) (*********) (*******) (*****) (***) (*) (********) (******) (****) (**) (*********)
(***) (*******) (**) (******) (*) (*****) (*********) (****) (********) (***) (*) (********) (******) (****) (**) (*********) (*******) (*****) (***) (****) (*****) (******) (*******) (********) (*********) (*) (**)

Number of "Random Access Memory"

124875124875

36363636363
9999999999

Or

124875124875 .....

3 3 3 3 3 3 .....
6 6 .....
3 3 .....
6 and so on.....

9999999999

9123456789

9246813579

9369369369

9483726159

9516273849

9639639639

9753186429

9876543219

9999999999

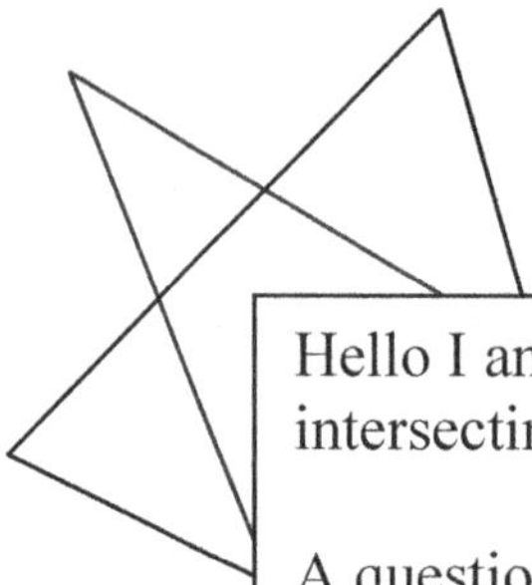

Hello I am two triangles intersecting on a graph.

A question arises as to what the importance of the graph was to the ancient peoples along with the numbers.

Once the ancient peoples had a graph (such as the Jews) then they could graph the land, graph the Medieranean Sea, graph the human anatomy for medical treatment, and so forth.

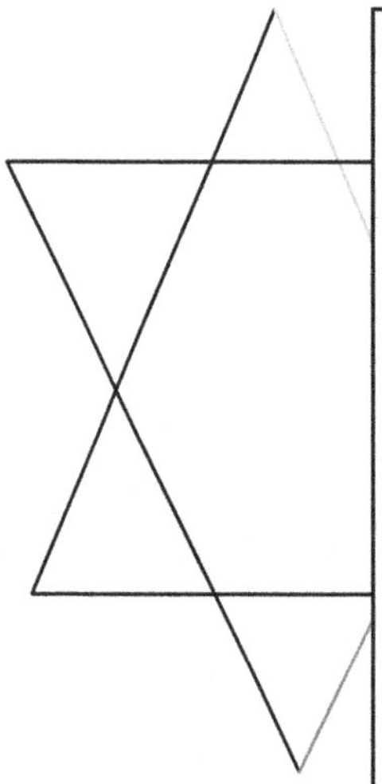

The Moringa and Spirulina making the brown eyes sparkle.

Virtual Democracy being the supercomputers meeting up with the free energy to make the automation.

People being careful not to gargle too hard for too long or possibly pass out.

The following pages are kind of meant to be cut out page by page, and be taped together with some cardboard shipping box tape, (or invisible tape of some kind.)
Then in taping the pages together, a full sized poster of both sizes could be achieved.

123456789

372615948

186429753

912345678

159483726

642975318

876543219
642975318
162738495
789123456
681357924
594837261
543219876
975318642
738495162
123456789
357924681
837261594
219876543
318642975
495162738
456789123
924681357
261594837

246813579

654321987

273849516

924681357

219876543

384951627

753186429
384951627
234567891
579246813
372615948
198765432
186429753
951627384
567891234
246813579
615948372
765432198
429753186
627384951
891234567
813579246
948372615
432198765

483726159

318642975

456789123

948372615

429753186

678912345

516273849
678912345
468135792
159483726
654321987
297531864
273849516
912345678
135792468
483726159
321987654
531864297
849516273
345678912
792468135
726159483
987654321
864297531

516273849

681357924

543219876

951627384

579246813

321987654

483726159
321987654
531864297
849516273
345678912
792468135
726159483
987654321
864297531
516273849
678912345
468135792
159483726
654321987
297531864
273849516
912345678
135792468

753186429
345678912
726159483
975318642
789123456
615948372

246813579
615948372
765432198
429753186
627384951
891234567
813579246
948372615
432198765
753186429
384951627
234567891
579246813
372615948
198765432
186429753
951627384
567891234

876543219

627384951

813579246

987654321

849516273

357924681

123456789
357924681
837261594
219876543
318642975
495162738
456789123
924681357
261594837
876543219
642975318
162738495
789123456
681357924
594837261
543219876
975318642
738495162

369369369

936936936

369369369
963963963
639639639
936936936
396396396

639639639
963963963

639639639
936936936
396396396
369369369
963963963

**99999999999999999999999999999
99**

**99999999999999999999999999999
99**

123456789

11 12 13 14 15 16 17 18 19 21 22 23 24 25 26 27 28 29 31 32 33 34 35 36 37 38 39 41 42 43
123456789 2 3 4 5 6 7 8 9 1 3 4 5 6 7 8 9 1 2 4 5 6 7 8 9 1 2 3 5 6 7 8 9 1
1 2 3 4
1 2 3 4 5 6 7 8 9 2 3 4 5 6 7 8 9 1 3 4 5 6 7 8 9 1 2 4 5 6 7 8 9 1 2 3 5 6 7 8 9 1
1 1 1 1 1 1 1 1 2 1 1 1 1 1 1 1 1 2 1 1 11 1 1 1 1 2 1 1 1 1 1 1 1 1 2 1 1 1 1 1
9 9 9 9 9 9 9 1 8 9 9 9 9 9 9 9 1 8 9 9 9 9 99 9 1 8 9 9 9 9 9 9 9 1 8 9 9 9 9
9 9 9 9 9 9 1 7 1 9 9 9 9 9 9 1 7 1 9 99 9 9 9 1 7 1 9 9 9 99 9 1 7 1 9 9 9
9 9 9 9 9 1 6 3 8 9 9 9 9 9 1 6 3 8 9 99 9 9 1 6 3 8 9 9 9 9 9 1 6 3 8 9 9
9 9 9 9 1 5 6 5 1 9 9 9 9 1 5 6 5 1 9 9 9 9 1 5 6 5 1 9 9 9 9 1 5 6 5 1 9
9 9 9 1 4 1 8 5 8 9 9 9 1 4 1 8 5 8 9 9 9 1 4 1 8 4 8 9 9 9 1 4 1 8 5 8
9 9 1 3 6 7 6 3 1 9 9 1 3 6 7 6 3 1 9 9 1 3 6 7 5 4 1 9 9 1 3 6 7 63
9 1 2 3 1 8 6 7 8 9 1 2 3 1 8 6 7 8 9 1 2 3 1 7 8 6 8 9 1 2 3 1 8 6
1 1 1 7 7 7 1 1 1 1 1 1 7 7 7 1 1 1 1 1 1 7 6 1 7 2 1 1 1 1 7 7 7
9 9 6 9 9 3 9 9 9 9 9 6 9 96 9 9 9 9 9 6 8 4 6 4 8 9 9 9 6 9 9
9 6 3 9 3 6 9 9 9 9 6 3 9 6 3 99 9 9 6 2 5 2 7 4 1 9 9 6 3 9
6 6 6 3 3 3 9 9 9 6 6 3 6 6 6 9 9 9 6 5 3 6 5 6 6 8 9 6 6 6
9 9 6 9 9 6 9 9 6 9 6 3 9 9 3 9 9 6 8 7 3 8 1 9 2 1 6 9 9
9 6 3 9 6 3 9 6 3 6 6 6 9 3 6 9 6 2 8 5 5 2 8 2 8 5 3 9
6 6 6 6 6 6 6 6 3 9 9 3 3 3 3 6 5 6 6 9 6 6 3 6 6 76
9 9 9 9 9 9 9 6 6 9 3 9 9 9 3 8 1 9 3 6 9 6 3 9 1 8
9 9 9 9 9 9 6 9 3 3 6 9 9 3 5 2 8 3 3 3 6 6 6 1 7
9 9 99 9 6 3 3 9 3 3 9 3 2 6 6 4 9 9 3 9 9 4 6
9 9 9 9 6 6 9 6 3 9 6 3 8 49 7 5 9 3 6 9 4 2
9 9 9 6 9 3 6 6 6 6 6 5 5 5 7 7 4 3 3 3 4 7
9 9 6 3 3 3 9 9 9 9 8 9 9 2 9 6 8 9 9 1 3
9 6 6 9 9 6 9 9 98 1 9 2 7 6 2 1 9 1 2
6 9 3 9 6 3 9 9 8 2 8 2 5 8 5 8 8 1 1
3 3 6 6 6 6 9 8 3 6 3 3 3 6 3 9 2 9
9 3 9 9 9 3 8 4 3 6 9 9 3 6 6 2 7
3 6 9 9 3 5 5 8 3 3 9 3 3 9 5 5
3 3 9 3 2 9 3 4 9 6 3 9 6 5 9
9 6 3 8 7 3 1 5 6 6 6 6 8 4
6 6 5 8 5 7 4 1 9 9 9 2 5
9 8 3 6 2 6 6 8 9 9 2 3
8 4 3 5 4 9 2 1 9 2 1
5 8 2 8 5 2 8 8 2 8
3 3 6 6 6 6 9 3 6
9 3 9 9 9 3 3 3
3 6 9 9 3 9 9
3 3 9 3 6 9
9 6 3 3 3
6 6 9 9
9 3 9
3 6
3

1 2 3 4 5 6 7 8 9 2 3 4 5 6 7 8 9 1 3 4 5 6 7 8 9 1 2 4 5 6 7 8 9 3 6 9
3 5 7 9 2 4 6 8 2 5 7 9 2 4 6 8 1 4 7 9 2 4 6 8 1 3 6 9 2 4 6 8 13 6
8 3 7 2 6 1 5 1 7 3 7 2 6 1 5 95 2 7 2 6 1 5 94 9 6 2 6 1 5 9 4 6 9
2 1 9 8 7 6 6 8 1 1 9 8 7 6 5 5 7 9 9 8 7 6 5 4 4 6 8 8 7 6 5 4 3 3 6
3 1 8 6 4 3 5 9 2 1 8 6 4 2 1 3 7 9 8 6 4 2 9 8 1 5 7 6 4 2 9 7 6 3
4 9 5 1 7 8 5 2 3 9 5 1 6 3 4 1 7 8 5 1 6 2 8 9 6 3 4 1 6 2 7 9 6
4 5 6 8 6 4 7 5 3 5 6 7 9 7 5 8 6 4 6 7 8 1 8 6 9 7 5 7 8 9 9 6
9 2 5 5 1 2 3 8 8 2 4 7 7 3 4 5 1 1 4 6 9 9 5 6 7 3 3 6 8 9
2 7 1 63 5 2 7 1 6 2 5 1 7 9 6 2 5 1 6 9 5 2 4 1 6 9 5 1 4 9 6
9 8 7 9 8 7 98 7 8 7 6 8 7 6 8 7 67 6 5 7 6 5 7 6 5 65 4 6
8 6 7 8 6 7 8 6 6 6 4 5 6 4 5 64 4 4 2 34 2 3 4 2 2 2 9 9
5 4 6 5 4 6 5 3 3 1 9 2 1 9 2 1 8 8 65 7 6 5 7 6 4 4 2 3

9 1 2 9 1 2 8 6 4 1 2 3 1 2 3 9 7 5 2 3 4 2 3 4 1 8 6 3
1 3 2 1 31 5 1 5 3 5 4 3 5 3 7 3 7 5 7 65 7 59 5 9 9
4 5 3 4 4 6 6 6 8 89 7 8 8 1 1 1 3 3 4 2 3 3
9 8 7 8 1 3 3 5 7 8 7 6 7 9 2 2 4 6 7 6 5 6 8 1 3
8 6 6 9 4 6 8 3 6 6 4 4 7 2 4 6 1 4 4 2 2 5 9
5 3 6 4 1 5 2 9 3 1 8 2 9 6 1 7 5 8 6 4 7 5 2 3
8 9 1 5 6 7 2 3 4 91 2 6 7 8 3 4 5 1 2 3 7 8 9
8 1 6 2 4 9 5 7 4 1 3 8 4 6 2 7 9 6 3 5 1 6
9 7 8 6 4 5 3 2 5 4 2 3 1 8 9 7 69
7 6 5 1 9 8 5 7 9 6 5 4 9 8 7 4 6 8 3
4 2 6 1 8 4 3 7 6 2 9 4 8 6 2 1 5 4 9
6 8 7 9 3 7 1 4 8 2 4 3 5 8 3 6 9
5 6 73 1 8 5 3 1 6 7 8 4 2 9 6
2 4 1 4 9 4 8 4 7 4 6 3 6 2 6 6
6 5 5 4 4 3 3 2 2 1 9 9
2 1 9 8 7 6 5 4 3 1 98 7 6
3 1 86 4 2 9 7 4 1 8 6
4 95 1 6 2 7 2 5 9 6
4 5 67 8 9 9 7 5 6
9 2 4 6 8 9 7 3
2 6 1 5 8 7 1 6
8 7 64 6 9
6 4 1 1 3
1 5 2 6 9
67 6
4 6 6
1 9
3
3

654321987

6 15 24 33 42 51 59 68 77 86 95 104 113 122 131 139 148 157 166 175 184 193 202 211 219 228 237 246 255 264

6 9 9 9 9 9 9 9
6 6 6 6 6 6 5 5 5 5 5 5 5 5 444444444333333332222222211111111 9

6 6 6 6 6 6 5 5 5 5 5 5 5 5 4 4 4 4 4 4 4 4 4 3 3 3 3 3 3 3 3 2 2 2 2 2 2 2 2 1 1 1 1 1 1 1 1 9
3 3 3 3 3 2 1 1 1 1 1 1 1 1 9 8 8 8 8 8 8 8 8 7 6 6 6 6 6 6 6 6 5 4 4 4 4 4 4 4 4 3 2 2 2 2 2 2 2 2 1
6 6 6 6 5 3 2 2 2 2 2 2 2 2 1 8 7 7 7 7 7 7 7 6 4 3 3 3 3 3 3 3 2 9 8 8 8 8 8 8 8 7 5 4 4 4 4 4 4 4 3
3 3 3 2 8 5 4 4 4 4 4 4 3 9 6 5 5 5 5 5 5 4 1 7 6 6 6 6 6 6 5 2 8 7 7 7 7 7 7 6 3 9 8 8 8 8 8 8 7

6651498888873621111195843333317165555549387777 76
32654877776198322221543766664887211119432655554
5829365554718254443697143331376932221475821119
412392119289179887967857664414635443523413221
53532321218187876764643431855198987875754543
8885553339996664441117774941618886663339997
774118663996331885228552445779775339663997
52529539396964974741417689357753863639397
7772583336661472225558458383538259993337
559742669337529447114394222882175993661
15726836361372482825734644171383593937
6398529997419631117317118588422853331
938472997251694228148829447364148664
32329297976764641953712482191553531
5552227774441115158183631311618884
117449552885226664992994442779773
28284517174748331492294886957751
1113968882223264542424375653536
224365771445581996666713228889
46792358589149196333484541778
1472584448154116966733995856
529743883969527663416395442
72727272366579439757935986
9999999593237473733738585
999999553551221111112444
99999518816343222223688
9999569797977544445957
999526777775398889553
99578455553838778518
9536391118222656469
589931229144822116
48934342158314327
3837776364245759
221554991669335
43619491736368
7971441819995
778585991995
56444591195
2188951215
397856336

3 7 6 4 2 9 6 9
1 4 1 6 2 6 6
5 5 7 8 8 3
1 3 6 7 2
4 9 4 9
4 4 4
8 8
7

6 6 6 6 6 6 5 5 5 5 5 5 5 5 4 4 4 4 4 4 4 4 4 3 3 3 3 3 3 3 3 3 2 2 2 2 2 2 2 2 2 1 1 1 1 1 1 1 1 1

384951627

3 8 14 19 25 31 36 42 47 53 58 64 69 75 81 86 92 97 103 108 114 119 125 131 136 142 147 153 158 164 169 175
3 8 5 1 7 4 9 6 2 8 4 1 6 3 9 5 2 7 4 9 6 2 8 5 1 7 3 9 5 5 6 5 6 6 5 6 5 6 5 6 5 6 6 5 6 5 6 5
3 8 5 1 7 4 9 6 2 8 4 1 6 3 9 5 2 7 4 9 6 2 8 5 1 7 3 9 5
2 4 6 8 2 4 6 8 1 3 5 7 9 3 5 7 9 2 4 6 8 1 4 6 8 1 3 5
6 1 5 1 6 1 5 9 4 8 3 7 3 8 3 7 2 6 1 5 9 5 1 5 9 4 8
7 6 6 7 7 6 5 4 3 2 1 1 2 2 1 9 8 7 6 5 5 6 6 5 4 3
4 3 4 5 4 2 9 7 5 3 2 3 4 3 1 8 6 4 2 1 2 3 2 9 7
7 7 9 9 6 2 7 3 8 5 5 7 7 4 9 5 1 6 3 3 5 5 2 7
5 7 9 6 8 9 1 2 4 1 3 5 2 4 5 6 7 9 6 8 1 7 9
3 7 6 5 8 1 3 6 5 4 8 7 6 9 2 4 7 6 5 9 8 7
1 4 2 4 9 4 9 2 9 3 6 4 6 2 6 2 4 2 5 8 6
5 6 6 4 4 4 2 2 3 9 1 1 8 8 8 6 6 7 4 5
2 3 1 8 8 6 4 5 3 1 2 9 7 7 5 3 4 2 9
5 4 9 7 5 1 9 8 4 3 2 7 5 3 8 7 6 2
9 4 7 3 6 1 8 3 7 5 9 3 8 2 6 4 8
4 2 1 9 7 9 2 1 3 5 3 2 1 8 1 3
6 3 1 7 7 2 3 4 8 8 5 3 9 9 4
9 4 8 5 9 5 7 3 7 4 8 3 9 4
4 3 4 5 5 3 1 1 2 3 2 3 4
7 7 9 1 8 4 2 3 5 5 5 7
5 7 1 9 3 6 5 8 1 1 3
3 8 1 3 9 2 4 9 2 4

2 9 4 3 2 6 4 2 6
2 4 7 5 8 1 6 8
6 2 3 4 9 7 5
8 5 7 4 7 3
4 3 2 2 1
7 5 4 3
3 9 7
3 7
1

3 8 14 19 25 31 36 42 47 53 58 64 69 75 81 86 92 97 103 108 114 119 125 131 136 142 147 153 158 164 169 175
3 8 5 1 7 4 9 6 2 8 4 1 6 3 9 5 2 7 4 9 6 2 8 5 1 7 3 9 5 2 7 4
5 6 5 6 6 5 6 5 6 5 6 5 6 6 5 6 5 6 5 6 5 6 6 5 6 5 6 5 6 5 6
1 8 1 9 8 1 8 1 8 1 1 8 9 8 1 8 1 8 1 8 1 9 8 1 8 1 8 1 8 1
7 2 8 8 2 7 2 7 2 9 7 1 8 2 7 2 7 2 7 2 8 8 2 7 2 7 2 7 2
4 6 9 3 5 4 5 4 7 7 3 7 3 5 4 5 4 5 4 6 9 3 5 4 5 4 5
2 3 3 2 8 1 8 3 9 5 4 5 2 8 1 8 1 8 2 3 3 2 8 1 8 1
1 9 8 6 2 7 4 6 5 8 1 6 6 2 7 2 7 3 1 9 8 6 2 7 2
1 8 7 5 5 6 2 8 3 2 5 9 5 5 4 5 5 7 1 8 7 5 5 4 5
7 8 7 9 1 5 6 4 8 3 4 5 9 8 1 9 2 3 7 8 7 9 8 1
1 8 2 1 4 1 7 4 4 1 1 4 8 2 8 2 1 4 1 8 2 8 2
7 3 8 3 6 6 6 9 6 9 3 4 3 6 3 8 3 6 7 3 6 3
5 5 4 3 9 9 6 6 3 3 1 8 3 6 5 4 3 1 5 3 6
9 8 8 6 9 6 9 6 9 7 7 4 3 8 8 8 7 4 7 3
8 9 7 3 6 3 6 3 7 9 6 8 5 9 9 8 6 3 5
1 7 5 3 6 3 6 4 2 6 2 6 4 9 8 7 6 2
6 7 7 3 6 3 7 7 4 5 4 7 5 8 8 8 5
1 9 5 3 6 4 9 6 1 8 3 7 3 9 9 6
8 5 7 3 7 5 6 4 7 4 4 5 6 9 6
6 2 5 4 7 1 7 3 6 9 1 1 3 6
5 3 8 3 3 6 5 3 3 1 9 2 3
7 5 4 9 3 8 7 9 7 8 2 1
7 8 5 3 5 8 2 7 1 3 8
1 6 7 2 3 3 5 3 2 5
5 1 4 1 9 2 7 8 3
5 3 6 8 2 5 1 4
7 3 2 3 3 5 3
5 8 1 9 2 7
3 2 8 2 5
8 6 3 3
7 6 9
8 3
4

357924681

3 5 7 9 12 14 16 18 21 23 25 27 29 32 34 36 38 41 43 45 47 49 52 54 56 58 61 63 65 67 69 72 74 76 78 81 83 85 87 89 92
94 96 98 101 103 105 107 109 112 114 116 118 121 123 125 127 129 132 134 136 138 141 143 145 147 149 152 154 156 158
161 163 165 167 169 172 174 176 178 181 183 185 187 189 192 194 196 198 201 203 205 207 209 212 214 216 218 221
3 5 7 9 3579 3579 2579 2579 2479 2479 2469 2469 2468 2468 2468
1468 1468 1368 1368 1358 1358 1357 1357 1357
9357

3 5 7 9 3 5 7 9 3 5 7 9 2 5 7 9 2 5 7 9 2 4 7 9 2 4 7 9 2 4 6 9 2 4 6 9 2 4 6 8 2 4 6 8 2 4 6 8 1 4 6 8 1 4 6 8 1 3 6
2 2 2 3 2 2 2 3 2 2 2 2 3 2 2 2 3 2 2 2 2 3 2 2 2 3 2 2 2 2 3 2 2 2 3 2 2 2 2 2 2 2 3 2 2 2 2 3 2 2 2 3 2 2 2 2 3
9 9 1 8 9 9 1 8 9 9 9 1 8 9 9 1 8 9 9 9 1 8 9 9 1 8 9 9 9 1 8 9 9 1 8 9 9 9 9 9 9 9 1 8 9 9 9 1 8 9 9 1 8 9 9 9 1
9 1 7 1 9 1 7 1 9 9 1 7 1 9 1 7 1 9 9 1 7 1 9 1 7 1 9 9 1 7 1 9 1 7 1 9 9 9 9 9 9 1 7 1 9 9 1 7 1 9 1 7 1 9 9 1 7
1 6 3 8 1 6 3 8 9 1 6 3 8 1 6 3 8 9 1 6 3 8 1 6 3 8 9 1 6 3 8 1 6 3 8 9 9 9 9 9 1 6 3 8 9 1 6 3 8 1 6 3 8 9 1 6
5 6 5 2 5 6 5 1 1 5 6 5 2 5 6 5 1 1 5 6 5 2 5 6 5 1 1 5 6 5 2 5 6 5 1 9 9 9 9 1 5
1 8 6 3 1 8 5 9 4 1 8 6 3 1 8 5 9 4 1 8 6 3 1 8 5 9 4 1 8 6 3 1 8 5 8 9 9 9 1 4 1 8 5 9 4 1 8 6 3 1 8 5 9 4
7 7 6 7 7 6 4 4 6 7 7 6 7 7 6 4 4 6 7 7 6 7 7 6 4 4 6 7 7 6 7 7 6 3 1 9 9 1 3 6 7 6 4 4 6 7 7 6 7 7 6 4 4
9 8 1 9 8 7 9 2 1 9 8 1 9 8 7 9 2 1 9 8 1 9 8 7 9 2 1 9 8 1 9 8 7 7 8 9 1 2 3 1 8 7 9 2 1 9 8 1 9 8 7 9
8 2 8 8 8 2 2 8 8 8 2 8 8 8 2 2 8 8 8 2 8 8 8 2 2 8 8 8 2 8 8 8 9 1 1 1 1 1 7 7 8 2 2 8 8 8 2 8 8 8 2
3 6 9 9 3 9 6 9 9 3 6 9 9 3 9 6 9 9 3 6 9 9 3 9 6 9 9 3 6 9 9 1 1 9 9 9 9 6 9 1 3 9 6 9 9 3 6 9 9 3
3 3 9 3 6 6 3 9 3 3 3 9 3 6 6 3 9 3 3 3 9 3 6 6 3 9 3 3 3 9 1 9 8 9 9 9 6 3 1 2 6 6 3 9 3 3 3 9 3
9 6 3 3 9 6 6 3 9 9 6 3 3 9 6 6 3 9 9 6 3 3 9 6 6 3 9 9 6 1 8 8 1 9 9 6 6 7 1 4 9 6 6 3 9 9 6 3
6 6 9 6 6 9 6 6 9 6 6 9 6 6 9 6 6 9 6 6 9 6 6 9 6 6 9 6 4 7 9 2 8 9 6 9 1 3 3 5 6 9 6 6 9 6 6
9 3 6 9 3 6 9 3 6 9 3 6 9 3 6 9 3 6 9 3 6 9 3 6 7 3 2 2 6 1 6 3 1 2 9 2 1 3 6 9 3 6 9
3 3 3 3 3 3 3 3 3 3 3 3 3 3 3 3 3 3 3 3 3 3 3 3 3 3 1 5 8 9 4 4 5 6 7 1 7 2 8 2 3 3 3 3 3
9 9 9 9 9 9 9 9 9 9 9 9 9 9 9 9 9 9 9 9 9 9 9 9 7 4 3 1 4 9 1 1 1 3 6 4 6 3 1 9 9 9 9
9 9 9 9 9 9 9 9 9 9 9 9 9 9 9 9 9 9 9 9 9 9 9 7 6 8 7 3 5 1 9 9 2 3 7 2 6 7 8 9 9 9
9 9 9 9 9 9 9 9 9 9 9 9 9 9 9 9 9 9 9 9 9 9 7 8 2 8 5 2 5 8 9 2 1 4 4 4 1 1 1 9 9
9 9 9 9 9 9 9 9 9 9 9 9 9 9 9 9 9 9 9 9 9 7 1 3 6 6 6 3 3 1 2 8 3 9 9 6 9 9 8 9
9 9 9 9 9 9 9 9 9 9 9 9 9 9 9 9 9 9 9 9 7 3 2 3 9 9 6 9 7 1 6 4 6 9 6 3 9 8 1
9 9 9 9 9 9 9 9 9 9 9 9 9 9 9 9 9 9 9 7 5 8 1 6 9 6 3 7 3 5 7 2 3 6 6 6 8 2
9 9 9 9 9 9 9 9 9 9 9 9 9 9 9 9 9 9 7 7 3 2 5 3 6 6 4 5 2 2 4 1 3 9 9 2 3
9 9 9 9 9 9 9 9 9 9 9 9 9 9 9 9 9 7 9 5 8 3 7 3 9 7 1 6 9 2 6 2 6 9 2 1
9 9 9 9 9 9 9 9 9 9 9 9 9 9 9 9 7 2 5 3 4 4 5 6 7 3 5 3 2 4 5 4 3 2 8
9 9 9 9 9 9 9 9 9 9 9 9 9 9 9 7 4 3 7 1 9 1 1 1 5 2 7 8 2 1 8 8 8 6
9 9 9 9 9 9 9 9 9 9 9 9 9 9 7 6 8 4 3 8 1 9 9 4 6 5 1 3 8 7 9 9 7
9 9 9 9 9 9 9 9 9 9 9 9 9 7 8 2 5 8 5 2 8 9 4 2 8 5 2 5 8 2 9 7
9 9 9 9 9 9 9 9 9 9 9 9 7 1 3 3 3 6 6 6 1 4 7 6 6 6 3 3 3 7 7
9 9 9 9 9 9 9 9 9 9 9 9 7 3 2 9 9 3 9 9 4 3 3 8 9 9 6 9 9 4 9
9 9 9 9 9 9 9 9 9 9 9 7 5 8 7 9 3 6 9 4 8 9 5 1 9 6 3 9 4 5
9 9 9 9

3 5 7 9 3 5 7 9 3 5 7 9 2 5 7 9 2 5 7 9 2 4 7 9 2 4 7 9 2 4 6 9
8 3 7 3 8 3 7 3 8 3 7 2 7 3 7 2 7 3 7 2 6 2 7 2 6 2 7 2 6 1 6
2 1 1 2 2 1 1 2 2 1 9 9 1 1 9 9 1 1 9 8 8 9 9 8 8 9 9 8 7 7
3 2 3 4 3 2 3 4 3 1 9 1 2 1 9 1 2 1 8 7 8 9 8 7 8 9 8 6 5
5 5 7 7 5 5 7 7 4 1 1 3 3 1 1 3 3 9 6 6 8 8 6 6 8 8 5 2
1 3 5 3 1 3 5 2 5 2 4 6 4 2 4 6 3 6 3 5 7 5 3 5 7 4 7
4 8 8 4 4 8 7 7 7 6 1 1 6 6 1 9 9 9 8 3 3 8 8 3 2 2
3 7 3 8 3 6 5 5 4 7 2 7 3 7 1 9 9 8 2 6 2 7 2 5 4
1 1 2 2 9 2 1 9 2 9 9 1 1 8 1 9 8 1 8 8 9 9 7 9
2 3 4 2 2 3 1 2 2 9 1 2 9 9 1 8 9 9 7 8 9 7 7
5 7 6 4 5 4 3 4 2 1 3 2 9 1 9 8 9 7 6 8 7 5
3 4 1 9 9 7 7 6 3 4 5 2 1 1 8 8 7 4 5 6 3
7 5 1 9 7 5 4 9 7 9 7 3 2 9 7 6 2 9 2 9
3 6 1 7 3 9 4 7 7 7 1 5 2 7 4 8 2 2 2
9 7 8 1 3 4 2 5 5 8 6 7 9 2 3 1 4 4
7 6 9 4 7 6 7 1 4 5 4 7 2 5 4 5 8
4 6 4 2 4 4 8 5 9 9 2 9 7 9 9 4
1 1 6 6 8 3 4 5 9 2 2 7 7 9 4
2 7 3 5 2 7 9 5 2 4 9 5 7 4
9 1 8 7 9 7 5 7 6 4 5 3 2
1 9 6 7 7 3 3 4 1 9 8 5
1 6 4 5 1 6 7 5 1 8 4

7 1 9 6 7 4 3 6 9 3
8 1 6 4 2 7 9 6 3
9 7 1 6 9 7 6 9
7 8 7 6 7 4 6
6 6 4 4 2 1
3 1 8 6 3
4 9 5 9
4 5 5
9 1
1

912345678

9 11 12 13 14 15 16 17 18 19 21 22 23 24 25 26 27 28 29 31 32
9 2 3 4 5 6 7 8 9 1 3 4 5 6 7 8 9 1 2 4 5
1 2 3

9 2 3 4 5 6 7 8 9 1 3 4 5 6 7 8 9 1 2 4 5
2 1 1 1 1 1 1 1 1 2 1 1 1 1 1 1 1 1 2

9 2 3 4 5 6 7 8 9 1 3 4 5 6 7 8 9 1 2 4 5
2 5 7 9 2 4 6 8 1 4 7 9 2 4 6 8 1 3 6 9
7 3 7 2 6 1 5 9 5 2 7 2 6 1 5 9 4 9 6
1 1 9 8 7 6 5 5 7 9 9 8 7 6 5 4 4 6
2 1 8 6 4 2 1 3 7 9 8 6 4 2 9 8 1
3 9 5 1 6 3 4 1 7 8 5 1 6 2 8 9
3 5 6 7 9 7 5 8 6 4 6 7 8 1 8
8 2 4 7 7 3 4 5 1 1 4 6 9 9
1 6 2 5 1 7 9 6 2 5 1 6 9
7 8 7 6 8 7 6 8 7 6 7 6
6 6 4 5 6 4 5 6 4 4 4
3 1 9 2 1 9 2 1 8 8
4 1 2 3 1 2 3 9 7
5 3 5 4 3 5 3 7
8 8 9 7 8 8 1
7 8 7 6 7 9
6 6 4 4 7
3 1 8 2
4 9 1
4 1
5

135792468

1 3 5 7 9 12 14 16 18 21 23 25 27 29 32 34 36 38 41 43
1 3 5 7 9 3 5 7 9 3 5 7 9 2 5 7 9 2 5 7 9 2 4
2 2 2 2 3 2 2 2 3 2 2 2 2 3 2 2 2 3 2 2 2 2
1 3 5 7 9 3 5 7 9 3 5 7 9 2 5 7 9 2 5 7 9 2 4
4 8 3 7 3 8 3 7 3 8 3 7 2 7 3 7 2 7 3 7 2 6
3 2 1 1 2 2 1 1 2 2 1 9 9 1 1 9 9 1 1 9 8
5 3 2 3 4 3 2 3 4 3 1 9 1 2 1 9 1 2 1 8
8 5 5 7 7 5 5 7 7 4 1 1 3 3 1 1 3 3 9
4 1 3 5 3 1 3 5 2 5 2 4 6 4 2 4 6 3
5 4 8 8 4 4 8 7 7 7 6 1 1 6 6 1 9
9 3 7 3 8 3 6 5 5 4 7 2 7 3 7 1
3 1 1 2 2 9 2 1 9 2 9 9 1 1 8
4 2 3 4 2 2 3 1 2 2 9 1 2 9
6 5 7 6 4 5 4 3 4 2 1 3 2
2 3 4 1 9 9 7 7 6 3 4 5
5 7 5 1 9 7 5 4 9 7 9
3 3 6 1 7 3 9 4 7 7
6 9 7 8 1 3 4 2 5
6 7 6 9 4 7 6 7
4 4 6 4 2 4 4
8 1 1 6 6 8
9 2 7 3 5
2 9 1 8
2 1 9
3 1
4

753186429

7 15 23 31 38 46 54 62 69 77 85 93 101 8 6 4 2 9 7 5 3 1 8 6 4 2 9 7 5 3 1 8 6 4 2 9
7 5 3 1 8 6 4 2 9 7 5 3 1 8 6 4 2 9
7 6 5 4 2 1 9 8 6 5 4 3 2
8 8 8 7 8 8 8 7 8 8 8 8
7 6 5 4 2 1 9 8 6 5 4 3 2
4 2 9 6 3 1 8 5 2 9 7 5
6 2 6 9 4 9 4 7 2 7 3
8 8 6 4 4 4 2 9 9 1
7 5 1 8 8 6 2 9 1

384951627

3 8 14 19 25 31 36 42 47 53 58 64 69 75 81 86 92 97
3 8 5 1 7 4 9 6 2 8 4 1 6 3 9 5 2 7

5 6 5 6 6 5 6 6 6 5 6 5 6 6 5 6 5
3 8 5 1 7 4 9 6 2 8 4 1 6 3 9 5 2 7
2 4 6 8 2 4 6 8 1 3 5 7 9 3 5 7 9
6 1 5 1 6 1 5 9 4 8 3 7 3 8 3 7
7 6 6 7 7 6 5 4 3 2 1 1 2 2 1

3 6 9 7 5 8 2 1
9 6 7 3 4 1 3
6 4 1 7 5 4
1 5 8 3 9

6 4 2 3
1 6 5
7 2
9

43 4 5 4 2 9 7 5 3 2 3 4 3
77 9 9 6 2 7 3 8 5 5 7 7
57 9 6 8 9 1 2 4 1 3 5
37 6 5 8 1 3 6 5 4 8

14 2 4 9 4 9 2 9 3
56 6 4 4 4 2 2 3

23 1 8 8 6 4 5
54 9 7 5 1 9
94 7 3 6 1
4 21 9 7
6 31 7
9 48
4 3
7

7 6 5 4 2 1 9 8 6 5 4 3 2
7 16 25 34 42 51 59 68 76 85 94 103 112
7 7 7 7 6 6 5 5 4 4 4 4 6

234567891

2 3 4 5 6 7 8 9 11 12 13 14 15 16 17 18 19 21

2 3 4 5 6 7 8 9 2 3 4 5 6 7 8 9 1 3
1 2

2 3 4 5 6 7 8 9 2 3 4 5 6 7 8 9 1 3
1 1 1 1 1 1 1 2 1 1 1 1 1 1 1 1 2
2 3 4 5 6 7 8 9 2 3 4 5 6 7 8 9 1 3
5 7 9 2 4 6 8 2 5 7 9 2 4 6 8 1 4
3 7 2 6 1 5 1 7 3 7 2 6 1 5 9 5
1 9 8 7 6 6 8 1 1 9 8 7 6 5 5
1 8 6 4 3 5 9 2 1 8 6 4 2 1
9 5 1 7 8 5 2 3 9 5 1 6 3
5 6 8 6 4 7 5 3 5 6 7 9
2 5 5 1 2 3 8 8 2 4 7
7 1 6 3 5 2 7 1 6 2
8 7 9 8 7 9 8 7 8
6 7 8 6 7 8 6 6
4 6 5 4 6 5 3
1 2 9 1 2 8
3 2 1 3 1
5 3 4 4
8 7 8
6 6
3

579246813

5 7 9 12 14 16 18 21 23 25 27 29 32 34 36 38
5 7 9 3 5 7 9 3 5 7 9 2 5 7 9 2
2 2 3 2 2 2 3 2 2 2 2 3 2 2 2
5 7 9 3 5 7 9 3 5 7 9 2 5 7 9 2
3 7 3 8 3 7 3 8 3 7 2 7 3 7 2
1 1 2 2 1 1 2 2 1 9 9 1 1 9
2 3 4 3 2 3 4 3 1 9 1 2 1
5 7 7 5 5 7 7 4 1 1 3 3
3 5 3 1 3 5 2 5 2 4 6
8 8 4 4 8 7 7 7 6 1
7 3 8 3 6 5 5 4 7
1 2 2 9 2 1 9 2
3 4 2 2 3 1 2
7 6 4 5 4 3
4 1 9 9 7
5 1 9 7
6 1 7
7 8
6

372615948

3 7 12 16 21 25 29 34 38 43 47 52 56 61 65 69 74
3 7 3 7 3 7 2 7 2 7 2 7 2 7 2 6 2
4 5 4 5 4 4 5 4 5 4 5 4 5 4 4 5

3 7 3 7 3 7 2 7 2 7 2 7 2 7 2 6 2
1 1 1 1 1 9 9 9 9 9 9 9 9 9 8 8
2 2 2 2 1 9 9 9 9 9 9 9 9 8 7
4 4 4 3 1 9 9 9 9 9 9 9 8 6
8 8 7 4 1 9 9 9 9 9 9 8 5

7 6 2 5 1 9 9 9 9 9 8 4
4 8 7 6 1 9 9 9 9 8 3
3 6 4 7 1 9 9 9 8 2
9 1 2 8 1 9 9 8 1
1 3 1 9 1 9 8 9
4 4 1 1 1 8 8
8 5 2 2 9 7
4 7 4 2 7
2 2 6 9
4 8 6
3 5

8

147258369

8 1 927 9 2 7 9 8 1 9 2 7

3 2 335 3 3 5 3 3 2 3 3 5 3 3 5 3 3 2 3 3 5 3 3 5 3 3 2 3 3 5 3

-4 -1 0 1 4 7 12 15 18 23 26 29 31 34 37 42 45 48 53 56 59 61 64 67 72 75 78 83 86 89

1 4 7 3 6 9 5 8 2 4 7 1 6 9 3 8 2 5 7 1 4 9 3 6 2 5 8 1 4 7 3 6 9

5 2 1 9 6 5 4 1 62 8 7 6 3 2 1 7 3 8 5 4 3 9 8 7 4 95 2 1 9 6

7 3 1 6 2 9 5 7 8 1 64 9 5 38 1 2 4 9 7 3 8 6 2 4 5 7 3 1 6

1 4 7 8 2 5 3 6 9 7 1 4 5 8 2 9 3 6 4 7 1 2 5 8 6 9 3 1 4 7

5 2 6 1 7 8 9 6 7 8 5 94 1 2 3 9 1 2 8 3 7 4 5 6 3 4 5 2

7 8 7 8 68 6 4 6 4 5 4 5 3 5 31 3 1 2 1 2 92 97 97

6 6 6 5 5 5 1 1 1 9 9 9 8 8 8 4 4 4 3 3 3 2 2 2 7 7 7

3 3 2 1 1 6 2 2 1 9 9 8 7 7 3 8 8 7 6 6 5 4 4 9 5 5

6 5 3 2 7 8 4 3 1 9 8 6 5 1 2 7 6 4 3 2 9 8 4 5 1

2 8 5 9 6 3 7 4 1 8 5 2 6 3 9 4 1 7 5 2 8 3 9 6

1 4 5 6 9 1 2 5 9 4 7 8 9 3 4 5 8 3 7 1 2 3 6

5 9 2 6 1 3 7 5 4 2 6 83 7 9 4 2 1 8 3 5 9

5 2 8 7 4 1 3 9 6 8 5 2 1 7 4 6 3 9 2 8 5

7 1 6 2 5 4 3 6 5 4 73 8 2 1 9 3 2 1 4

8 7 8 7 9 7 9 2 92 1 2 1 3 1 35 3 5

6 6 6 7 7 7 2 2 2 3 3 3 4 4 4 8 8 8

3 3 4 5 5 9 4 4 5 6 6 7 8 8 3 7 7

6 7 9 1 5 4 8 9 2 3 4 6 7 2 1 5

4 7 1 6 9 3 8 2 5 7 1 4 9 3 6

2 8 7 6 3 2 1 7 3 8 5 4 3 9

1 6 4 9 5 38 1 2 4 97 3

7 1 4 5 8 2 9 3 6 4 7 1

8 5 9 4 1 2 3 9 1 2 8

4 5 4 5 3 5 3 1 31

9 9 9 8 8 8 4 4 4

9 9 8 7 7 38 8

9 8 6 5 1 2 7

8 5 2 6 3 9

4 7 8 9 3

2 68 3

8 5 2

4 7

2

174285396
-7 -1 0 1 7 14 22 28 35 43
1 7 14 22 28 35 43 49 56 61 67 74 82 88 95 103 109 116 121 127 134 142 148 155
1 7 5 4 1 8 7 4 2 7 4 2 1 7 5 4 1 8 4 1 8 7 4 2 1 7 5 1 7
6 7 8 6 7 8 6 7 5 6 7 8 6 7 8 6 7 5 6 7 8 6 7 8 6 7 5 6
1 1 7 1 1 7 1 7 1 1 1 7 1 1 7 1 7 1 1 1 7

1 7 5 4 1 8 7 4 2 7 4 2 1 7 5 4 1 8 4 1 8 7 4 2 1 7 5 1 7
8 3 9 5 9 6 2 6 9 2 6 3 8 3 9 5 9 3 5 9 6 2 6 3 8 3 6 8
2 3 5 5 6 8 8 6 2 8 9 2 2 3 5 5 3 8 5 6 8 8 9 2 2 9 5
5 8 1 2 5 7 5 8 1 8 2 4 5 8 1 8 2 4 2 5 7 8 2 4 2 5
4 9 3 7 3 3 4 9 9 1 6 9 4 9 9 1 6 6 7 3 6 1 6 6 7
4 3 1 1 6 7 4 9 1 7 6 4 4 9 1 7 3 4 1 9 7 7 3 4
7 4 2 7 4 2 4 1 8 4 1 8 4 1 8 1 7 5 1 7 5 1 7
2 6 9 2 6 6 5 9 3 5 9 3 5 9 9 8 3 6 8 3 6 8
8 6 2 8 3 2 5 3 8 5 3 8 5 9 8 2 9 5 2 9 5
5 8 1 2 5 7 8 2 4 8 2 4 5 8 1 2 5 7 2 5
4 9 3 7 3 6 1 6 3 1 6 9 4 9 3 7 3 9 7
4 3 1 1 9 7 7 9 4 7 6 4 4 3 1 1 3 7
7 4 2 1 7 5 7 4 2 4 1 8 7 4 2 4 1
2 6 3 8 3 3 2 6 6 5 9 6 2 6 6 5
8 9 2 2 6 5 8 3 2 5 6 8 8 3 2
8 2 4 8 2 4 2 5 7 2 5 7 2 5
1 6 3 1 6 6 7 3 9 7 3 9 7
7 9 4 7 3 4 1 3 7 1 3 7
7 4 2 1 7 5 4 1 8 4 1
2 6 3 8 3 9 5 9 3 5
8 9 2 2 3 5 5 3 8
8 2 4 5 8 1 8 2
1 6 9 4 9 9 1
7 6 4 4 9 1
4 1 8 4 1
5 9 3 5
5 3 8
8 2
1

741852963

7 14 21 28 35 42 49 56 63 67 74 81 88 95 102 109 116 123 127 134 141 148 155 162
7 5 3 1 8 6 4 2 9 4 2 9 7 5 3 1 8 6 1 8 6 4 2 9 7 5 3
7 7 7 7 7 7 7 7 4 7 7 7 7 7 7 7 7 5 7 7 7 7 7 7 7 7
9 9 9 9 9 9 9 6 3 9 9 9 9 9 9 9 7 2 9 9 9 9 9 9 9
9 9 9 9 9 6 6 6 9 9 9 9 9 9 7 4 7 9 9 9 9 9 9
9 9 9 9 9 6 9 9 3 9 9 9 9 9 7 6 3 2 9 9 9 9 9
9 9 9 9 6 3 9 3 6 9 9 9 9 7 8 6 8 7 9 9 9 9
9 9 9 6 6 6 3 3 3 9 9 9 7 1 7 2 8 2 9 9 9
9 9 6 9 9 6 9 9 6 9 9 7 3 6 4 6 3 7 9 9

9 6 3 9 6 3 9 6 3 9 7 5 3 7 2 6 4 2 9
6 6 6 6 6 6 6 6 6 7 7 7 4 4 4 7 7 7
9 9 9 9 9 9 9 9 1 9 9 6 9 9 3 9 9
9 9 9 9 9 9 9 1 8 9 6 3 9 3 6 9
9 9 9 9 9 9 1 7 1 6 6 6 3 3 3
9 9 9 9 9 1 6 3 5 9 9 6 9 9
9 9 9 9 1 5 6 2 4 9 6 3 9
9 9 9 1 4 1 5 2 5 6 6 6
9 9 1 3 6 4 6 3 1 9 9
9 1 2 3 7 2 6 7 8 9
1 1 1 4 4 4 1 1 1
9 9 3 9 9 6 9 9
9 3 6 9 6 3 9
3 3 3 6 6 6
9 9 3 9 9
9 3 6 9
3 3 3
9 9
9

7 5 3 1 8 6 4 2 9 4 2 9 7 5 3 1 8 6 1 8 6 4 2 9 7 5 3
3 8 4 9 5 1 6 2 4 6 2 7 3 8 4 9 5 7 9 5 1 6 2 7 3 8
2 3 4 5 6 7 8 6 1 8 9 1 2 3 4 5 3 7 5 6 7 8 9 1 2
5 7 9 2 4 6 5 7 9 8 1 3 5 7 9 8 1 3 2 4 6 8 1 3
3 7 2 6 1 2 3 7 8 9 4 8 3 7 8 9 4 5 6 1 5 9 4
1 9 8 7 3 5 1 6 8 4 3 2 1 6 8 4 9 2 7 6 5 4
1 8 6 1 8 6 7 5 3 7 5 3 7 5 3 4 2 9 4 2 9
9 5 7 9 5 4 3 8 1 3 8 1 3 8 7 6 2 4 6 2
5 3 7 5 9 7 2 9 4 2 9 4 2 6 4 8 6 1 8
8 1 3 5 7 9 2 4 6 2 4 6 8 1 3 5 7 9
9 4 8 3 7 2 6 1 8 6 1 5 9 4 8 3 7
4 3 2 1 9 8 7 9 5 7 6 5 4 3 2 1
7 5 3 1 8 6 7 5 3 4 2 9 7 5 3
3 8 4 9 5 4 3 8 7 6 2 7 3 8
2 3 4 5 9 7 2 6 4 8 9 1 2
5 7 9 5 7 9 8 1 3 8 1 3
3 7 5 3 7 8 9 4 2 9 4
1 3 8 1 6 8 4 6 2 4
4 2 9 7 5 3 1 8 6
6 2 7 3 8 4 9 5
8 9 1 2 3 4 5
8 1 3 5 7 9
9 4 8 3 7

4 3 2 1
7 5 3
3 8
2

714825936
7 11 14 18 22 25 29 33 36 37 41 44 48
7 2 5 9 4 7 2 6 9 1 5 8 3
4 3 4 4 3 4 4 3 1 4 3 4
8 1 9 8 1 9 8 7 3 8 1
2 8 8 2 8 8 8 5 5 2
6 9 3 6 9 9 6 9 6
3 3 3 3 9 6 3 6
9 9 9 6 6 6 3
9 9 6 9 9 6
9 6 3 9 6
6 6 6 6
9 9 9

7 2 5 9 4 7 2 6 9 1 5 8 3
9 7 5 4 2 9 8 6 1 6 4 2
7 3 9 6 2 8 5 7 7 1 6
1 3 6 8 1 4 3 5 8 7
4 9 5 9 5 7 8 4 6
4 5 5 5 3 6 3 1
9 1 1 8 9 9 4
1 2 9 8 9 4
3 2 8 8 4
5 1 7 3
6 8 1
5 9
5

471582693

4 7 11 15 18 22 26 29 33 34 37 41 45 48 52 56 59 63 64 67 71
4 7 2 6 9 4 8 2 6 7 1 5 9 3 8 2 5 9 1 4 8
3 4 4 3 4 4 3 4 1 3 4 4 3 4 3 3 4 1 3 4
1 9 8 1 9 8 1 7 2 1 9 8 1 8 9 1 6 2 1
8 8 2 8 8 2 6 4 8 8 8 2 7 1 1 5 5 8
9 3 6 9 3 4 7 4 9 9 3 5 3 9 4 9 3
3 3 3 3 1 3 6 5 9 3 2 7 6 4 5 3
9 9 9 7 2 3 8 4 3 8 5 8 7 1 7
9 9 7 5 1 5 5 8 5 6 3 8 3 6
9 7 7 5 4 9 3 6 1 6 5 4 3
7 9 7 8 5 3 3 4 5 8 8 8
2 7 1 6 7 9 1 1 3 9 9
5 3 5 1 2 1 9 2 6 9
7 2 5 1 8 8 2 4 3
4 3 5 7 9 3 2 8
8 2 2 2 3 8 6
3 9 9 1 5 7
6 9 1 4 2
3 1 3 7
7 2 4
4 2
7

4 7 2 6 9 4 8 2 6 7 1 5 9 3 8 2 5 9
2 9 8 6 4 3 1 8 4 8 6 5 3 2 1 7 5
2 8 5 1 7 4 9 3 3 5 2 8 5 3 8 3 7

1 4 6 8 2 4 3 6 8 7 1 4 8 2 2
5 1 5 1 6 7 9 5 6 8 5 3 1 4
6 6 6 7 4 7 5 2 5 4 8 4 5
3 3 4 2 2 3 7 7 9 3 3 9
6 7 6 4 5 1 5 7 3 6 3
4 4 1 9 6 6 3 1 9 9
8 5 1 6 3 9 4 1 9
4 6 7 9 3 4 5 1
1 4 7 3 7 9 6
5 2 1 1 7 6
7 3 2 8 4
1 5 1 3
6 6 4
3 1
4

9 7
3 6 1
7 5 1 9
8 8 6 4 5
6 2 6 9 4 1
2 4 7 8 1 3 7
7 4 9 7 1 9 3 4
6 1 3 6 1 9 9 3 1
4 2 8 4 2 8 1 8 4 6
2 2 9 8 5 6 2 8 9 4 2
3 8 3 6 2 3 3 8 9 9 4 7
5 7 1 2 4 7 5 7 1 8 1 3 4
7 7 9 1 1 3 4 1 6 4 4 6 6 7
6 1 6 3 7 3 9 4 6 9 4 9 6 1 6
4 2 8 7 5 2 1 8 5 1 8 5 4 2 8 7

417528639

4 11 17 25 32 38 46 53 59 64 71 77 85 92 98 106
4 2 8 7 5 2 1 8 5 1 8 5 4 2 8 7
7 6 8 7 6 8 7 6 5 7 6 8 7 6 8
8 2 8 8 2 8 8 8 2 8 2 8 8 2
3 6 9 6 6 9 9 3 6 3 6 9 3
3 3 6 9 3 9 3 3 6 3 3 3
9 3 3 3 6 3 9 3 6 9 9
3 9 9 3 6 6 3 3 3 9
6 9 3 3 9 6 9 9 6
3 3 9 6 6 3 9 6
9 6 6 9 6 6 6
6 9 3 6 9 9
3 3 3 3 9
9 9 9 6
9 9 6
9 6
6

813579246

8 11 13 15 17 19 22 24 26 28 31 33 35 37 39 42 44 46 48 51 53 55
8 2 4 6 8 1 4 6 8 1 4 6 8 1 3 6 8 1 3 6 8 1
3 2 2 2 2 3 2 2 2 3 2 2 2 2 3 2 2 2 3

8 2 4 6 8 1 4 6 8 1 4 6 8 1 3 6 8 1 3 6 8 1
1 6 1 5 9 5 1 5 9 5 1 5 9 4 9 5 9 4 9 5 9
7 7 6 5 5 6 6 5 5 6 6 5 4 4 5 5 4 4 5 5
5 4 2 1 2 3 2 1 2 3 2 9 8 9 1 9 8 9 1

9 6 3 3 5 5 3 3 5 5 2 8 8 1 1 8 8 1
6 9 6 8 1 8 6 8 1 7 1 7 9 2 9 7 9
6 6 5 9 9 5 5 9 8 8 8 7 2 2 7 7
3 2 5 9 5 1 5 8 7 7 6 9 4 9 5
5 7 5 5 6 6 4 6 5 4 6 4 4 5
3 3 1 2 3 1 1 2 9 1 1 8 9
6 4 3 5 4 2 3 2 1 2 9 8
1 7 8 9 6 5 5 3 3 2 8
8 6 8 6 2 1 8 6 5 1
5 5 5 8 3 9 5 2 6
1 1 4 2 3 5 7 8
2 5 6 5 8 3 6
7 2 2 4 2 9
9 4 6 6 2
4 1 3 8
5 4 2
9 6
6

948372615

9 14 18 23 27 32 36 41 45 49 54 58 63 67 72 76 81 85 89 94 98
9 5 9 5 9 5 9 5 9 4 9 4 9 4 9 4 9 4 9 4 8
5 4 5 4 5 4 5 4 4 5 4 5 4 5 4 5 4 5 4 4

9 5 9 5 9 5 9 5 9 4 9 4 9 4 9 4 9 4 9 4 8
5 5 5 5 5 5 5 5 4 4 4 4 4 4 4 4 4 4 4 3
1 1 1 1 1 1 1 9 8 8 8 8 8 8 8 8 8 7
2 2 2 2 2 2 1 8 7 7 7 7 7 7 7 7 6
4 4 4 4 4 3 9 6 5 5 5 5 5 5 5 5 4
8 8 8 8 7 3 6 2 1 1 1 1 1 1 1 9
7 7 7 6 1 9 8 3 2 2 2 2 2 2 1
5 5 4 7 1 8 2 5 4 4 4 4 4 3
1 9 2 8 9 1 7 9 8 8 8 8 7
1 2 1 8 1 8 7 8 7 7 7 6
3 3 9 9 9 6 6 6 5 5 4

6 3 9 9 6 3 3 2 1 9

9 3 9 6 9 6 5 3 1

3 3 6 6 6 2 8 4

6 9 3 3 8 1 3

6 3 6 2 9 4

9 9 8 2 4

9 8 1 6

8 9 7

8 7

6

432198765

4 13 22 31 39 48 57 66 75 84 93 102 111 119 128 137 146 155 164 173 182 191 199 208

4 4 4 4 3 3 3 3 3 3 3 3 3 2 2 2 2 2 2 2 2 2 1

9 9 9 8 9 9 9 9 9 9 9 9 8 9 9 9 9 9 9

4 4 4 4 3 3 3 3 3 3 3 3 3 2 2 2 2 2 2 2 2 1

8 8 8 7 6 6 6 6 6 6 6 6 5 4 4 4 4 4 4 4 4 3

7 7 6 4 3 3 3 3 3 3 3 2 9 8 8 8 8 8 8 8 7

837261594

8 13 17 22 26 31 35 39 44 48 53 57 62 66 71 75 79 84 88 93 97 102 106 111 115 119

8 4 8 4 8 4 8 3 8 3 8 3 8 3 8 3 7 7

5 4 5 4 5 4 4 5 4 5 4 5 4 5 4 4

8 1 8 1 8 9 1 8 1 8 1 8 1 8 9

2 7 2 7 1 1 7 2 7 2 7 2 7 1

5 4 5 3 9 6 4 5 4 5 4 5 3

8 1 7 6 6 7 1 8 1 8 1 7

2 6 8 9 1 3 7 2 7 2 6

4 2 1 1 2 4 4 5 4 4

7 8 9 1 2 9 1 8 9

1 1 1 1 7 1 7 1

9 9 9 6 3 6 3

9 9 6 6 3 6

9 6 9 6 3

6 3 6 6

6 3 9

6 6

9

8 4 8 4 8 4 8 3 8 3 8 3 8 3 8 3 7

3 3 3 3 3 3 2 2 2 2 2 2 2 2 2 1

6 6 6 6 6 5 4 4 4 4 4 4 4 3

3 3 3 3 2 9 8 8 8 8 8 8 7

6 6 6 5 2 8 7 7 7 7 7 7 6

3 3 2 7 1 6 5 5 5 5 4

6 5 9 8 7 2 1 1 1 1 9

2 5 8 6 9 3 2 2 2 1

7 4 5 6 3 5 4 4 3

2 9 2 9 8 9 8 7

2 2 2 8 8 8 6

4 4 1 7 7 5

219876543

2 11 19 28 37 46 55 64 73 82 91 99 108 117 126 135 144 153 162 171 179 188

2 2 1 1 1 1 1 1 1 1 1 9 9 9 9 9 9 9 9 9 8

9 8 9 9 9 9 9 9 9 9 8 9 9 9 9 9 9 9 9 8

8 1 9 9 9 9 9 9 9 8 1 9 9 9 9 9 9 9 8

2 8 9 9 9 9 9 9 8 2 8 9 9 9 9 9 9 8

6 1 9 9 9 9 9 8 3 6 1 9 9 9 9 9 8

4 8 9 9 9 9 8 4 3 4 8 9 9 9 9 8

4 1 9 9 9 8 5 8 1 4 1 9 9 9 8

6 8 9 9 8 6 3 2 3 6 8 9 9 8

2 1 9 8 7 6 8 1 3 2 1 9 8

8 8 8 8 8 2 2 2 8 8 8 8

9 9 9 9 3 9 9 6 9 9 9

9 9 9 3 6 9 6 3 9 9

9 9 3 3 3 6 6 6 9

9 6 9 9 3 9 9 3

6 3 9 3 6 9 3

6 6 3 3 3 3

9 6 9 9 9

6 3 9 9

6 6 9

9 3

3

2 2 1 1 1 1 1 1 1 1 1 9 9 9 9 9 9 9 9 9 8

4 3 2 2 2 2 2 2 2 2 1 9 9 9 9 9 9 9 9 8

7 5 4 4 4 4 4 4 4 3 1 9 9 9 9 9 9 9 8

3 9 8 8 8 8 8 8 7 4 1 9 9 9 9 9 9 8

3 8 7 7 7 7 7 6 2 5 1 9 9 9 9 9 8

2 6 5 5 5 5 4 8 7 6 1 9 9 9 9 8

8 2 1 1 1 9 3 6 4 7 1 9 9 9 8

1 3 2 2 1 3 9 1 2 8 1 9 9 8

4 5 4 3 4 3 1 3 1 9 1 9 8

9 9 7 7 7 4 4 4 1 1 1 8

9 7 5 5 2 8 8 5 2 2 9

7 3 1 7 1 7 4 7 4 2

1 4 8 8 8 2 2 2 6

5 3 7 7 1 4 4 8

8 1 5 8 5 8 3

9 6 4 4 4 2

6 1 8 8 6

7 9 7 5

7 7 3

5 1

6

318642975

3 11 18 26 34 42 49 57 65 73 81 88 96 104 112 119 127 135 143 151 158 166 174 182
3 2 9 8 7 6 4 3 2 1 9 7 6 5 4 2 1 9 8 7 5 4 3 2 9 8 7 6 4 3
1 5 8 3 6 1 5
3 2 9 8 7 6 4 3 2 1 9 7 6 5 4 2 1 9 8 7 5 4 3 2 9 8 7 6 4 3
8 7 8 8 8 7 8 8 8 8 7 8 8 8 7 8 8 8 8 7 8 8 8 7
8 1 9 9 8 1 9 9 9 8 1 9 9 8 1 9 9 9 8 1 9 9 8

3 2 9 8 7 6 4 3 2 1 9 7 6 5 4 2 1 9 8 7 5 4 3 2 9 8 7 6 4 3
5 2 8 6 4 1 7 5 3 1 7 4 2 9 6 3 1 8 6 3 9 7 5 2 8 6 4 1 7
7 1 5 1 5 8 3 8 4 8 2 6 2 6 9 4 9 5 9 3 7 3 7 1 5 1 5 8
8 6 6 6 4 2 2 3 3 1 8 8 8 6 4 4 5 5 3 1 1 1 8 6 6 6 4
5 3 3 1 6 4 5 6 4 9 7 7 5 1 8 9 1 8 4 2 2 9 5 3 3 1
8 6 4 7 1 9 2 1 4 7 5 3 6 9 8 1 9 3 6 4 2 5 8 6 4
5 1 2 8 1 2 3 5 2 3 8 9 6 8 9 1 3 9 1 6 7 4 5 1
6 3 1 9 3 5 8 7 5 2 8 6 5 8 1 4 3 1 7 4 2 9 6
9 4 1 3 8 4 6 3 7 1 5 2 4 9 5 7 4 8 2 6 2 6
4 5 4 2 3 1 9 1 8 6 7 6 4 5 3 2 3 1 8 8 8
9 9 6 5 4 1 1 9 5 4 4 1 9 8 5 5 4 9 7 7
9 6 2 9 5 2 1 5 9 8 5 1 8 4 1 9 4 7 5
6 8 2 5 7 3 6 5 8 4 6 9 3 5 1 4 2 3
5 1 7 3 1 9 2 4 3 1 6 3 8 6 5 6 5
6 8 1 4 1 2 6 7 4 7 9 2 5 2 2 2
5 9 5 5 3 8 4 2 2 7 2 7 7 4 4
5 5 1 8 2 3 6 4 9 9 9 5 2 8
1 6 9 1 5 9 1 4 9 9 5 7 1
7 9 1 6 5 1 5 4 9 5 3 8
7 1 7 2 6 6 9 4 5 8 2
8 8 9 8 3 6 4 9 4 1
7 8 8 2 9 1 4 4 5
6 7 1 2 1 5 8 9
4 8 3 3 6 4 8
3 2 6 9 1 3
5 8 6 1 4
4 5 7 5
9 3 3
3 6

9

495162738

4 9 15 21 26 32 37 43 48 54 59 65 71 76 78 82 87 93 98 104 109 115 121 126 132 137
4 9 6 3 8 5 1 7 3 9 5 2 8 4 6 1 6 3 8 5 1 7 4 9 6 2 8 4 1 6 3
5 6 6 5 6 5 6 5 6 5 6 6 5 2 4 5 6 5 6 5 6 6 5 6 5 6 5 6 5 6
1 9 8 1 8 1 8 1 8 1 9 8 6 2 1 1 8 1 8 1 9 8 1 8 1 8 1 8 1
8 8 2 7 2 7 2 7 2 8 8 7 5 8 9 7 2 2 2 8 8 2 7 2 7 2 7 2
9 3 5 4 5 4 5 4 6 9 8 7 3 1 7 4 9 9 6 9 3 5 4 5 4 5 4
3 2 8 1 8 1 8 2 3 8 8 5 7 6 6 5 9 6 3 3 2 8 1 8 1 8
8 6 2 7 2 7 3 1 5 9 6 2 8 9 8 4 6 6 9 8 6 2 7 2 7
7 5 5 4 5 5 7 4 4 6 5 6 1 8 5 2 9 3 8 7 5 5 4 5
7 9 8 1 9 2 6 9 2 8 1 4 7 6 6 7 3 5 8 7 9 8 1
2 8 2 8 2 4 3 2 6 2 3 3 8 9 1 5 2 3 8 2 8 2
6 3 6 3 2 8 8 4 5 1 9 5 1 1 4 6 1 5 3 6 3
6 3 6 8 6 9 5 1 5 8 5 5 9 3 2 4 4 7 3 6
6 3 2 7 3 5 5 4 3 6 9 4 3 8 2 9 3 5 3
6 8 5 5 2 9 8 8 3 3 4 8 5 3 7 3 2 7
2 6 9 6 7 8 9 4 9 1 4 6 7 4 5 8 5
4 3 6 1 1 1 4 5 1 3 2 1 6 1 3 6
8 3 4 9 9 3 1 5 2 8 8 5 4 2 3
4 1 5 9 3 7 4 6 6 9 6 8 7 1
6 4 4 3 4 6 2 9 3 6 2 8 3
7 9 8 1 2 5 7 3 3 5 6 4
2 8 2 1 3 2 5 9 2 1 7
6 3 8 2 8 3 4 2 8 6
6 5 3 6 4 1 7 6 7
8 7 3 7 6 6 8 1
8 5 4 8 9 2 2

4 9 6 3 8 5 1 7 3 9 5 2 8 4 6 1 6 3 8 5 1 7 4 9 6 2
4 6 9 2 4 6 8 1 3 5 7 1 3 1 7 7 9 2 4 6 8 2 4 6 8
1 6 2 6 1 5 9 4 8 3 8 4 4 8 5 7 2 6 1 5 1 6 1 5
7 8 8 7 6 5 4 3 2 2 3 8 3 4 3 9 8 7 6 6 7 7 6
6 7 6 4 2 9 7 5 4 5 2 2 7 7 3 8 6 4 3 4 5 4
4 4 1 6 2 7 3 9 9 7 4 9 5 1 2 5 1 7 7 9 9
8 5 7 8 9 1 3 9 7 2 4 5 6 3 7 6 8 5 7 9
4 3 6 8 1 4 3 7 9 6 9 2 9 1 4 5 4 3 7
7 9 5 9 5 7 1 7 6 6 2 2 1 5 9 9 7 1
7 5 5 5 3 8 8 4 3 8 4 3 6 5 9 7 8
3 1 1 8 2 7 3 7 2 3 7 9 2 5 7 6
4 2 9 1 9 1 1 9 5 1 7 2 7 3 4
6 2 1 1 1 2 1 5 6 8 9 9 1 7
8 3 2 2 3 3 6 2 5 8 9 1 8
2 5 4 5 6 9 8 7 4 8 1 9

456789123

4 5 6 7 8 9 11 12 13 14 15 16 17 18 19 21 22 23 24 25 26 27 28 29 31 32 33 34 35
9 2 3 4 5 6 7 8 9 1 3 4 5 6

1

4 5 6 7 8 9 2 3 4 5 6 7 8 9 1 3 4 5 6
1 1 1 1 1 2 1 1 1 1 1 1 1 1 2 1 1 1
9 9 9 9 1 8 9 9 9 9 9 9 9 1 8 9 9
9 9 9 1 7 1 9 9 9 9 9 9 1 7 1 9
9 9 1 6 3 8 9 9 9 9 9 1 6 3 8
9 1 5 6 5 1 9 9 9 9 1 5 6 5
1 4 1 8 5 8 9 9 9 1 4 1 8
3 6 7 6 3 1 9 9 1 3 6 7
3 1 8 6 7 8 9 1 2 3 1
7 7 7 1 1 1 1 1 1 7
9 9 3 9 9 9 9 9 6
9 3 6 9 9 9 9 6
3 3 3 9 9 9 6
9 9 6 9 9 6
9 6 3 9 6
6 6 6 6
9 9 9

2

4 5 6 7 8 9 2 3 4 5 6 7 8 9 1 3 4 5 6
9 2 4 6 8 2 5 7 9 2 4 6 8 1 4 7 9 2
2 6 1 5 1 7 3 7 2 6 1 5 9 5 2 7 2
8 7 6 6 8 1 1 9 8 7 6 5 5 7 9 9
6 4 3 5 9 2 1 8 6 4 2 1 3 7 9
1 7 8 5 2 3 9 5 1 6 3 4 1 7
8 6 4 7 5 3 5 6 7 9 7 5 8
5 1 2 3 8 8 2 4 7 7 3 4
6 3 5 2 7 1 6 2 5 1 7
9 8 7 9 8 7 8 7 6 8
8 6 7 8 6 6 6 4 5
5 4 6 5 3 3 1 9
9 1 2 8 6 4 1
1 3 1 5 1 5
4 4 6 6 6
8 1 3 3
9 4 6

681357924

6 8 11 13 15 17 19 22 24 26 28 31 33 35 37 39 42 44 46 48 51 53 55 57 59 62 64 66

6 8 2 4 6 8 1 4 6 8 1 4 6 8 1 3 6 8 1 3 6 8 1 3 5 8 1 3 5 8 1 3 5
2 3 2 2 2 2 3 2 2 2 3 2 2 2 2 3 2 2 2 3 2 2 2 2 3 2 2 2 3 2 2
1 8 9 9 9 1 8 9 9 1 8 9 9 9 1 8 9 9 1 8 9 9 9 1 8 9 9 1 8 9

6 8 2 4 6 8 1 4 6 8 1 4 6 8 1 3 6 8 1 3 6 8 1 3 5 8 1 3 5 8 1 3 5
5 1 6 1 5 9 5 1 5 9 5 1 5 9 4 9 5 9 4 9 5 9 4 8 4 9 4 8 4 9 4 8
6 7 7 6 5 5 6 6 5 5 6 6 5 4 4 5 5 4 4 5 5 4 3 3 4 4 3 3 4 4 3
4 5 4 2 1 2 3 2 1 2 3 2 9 8 9 1 9 8 9 1 9 7 6 7 8 7 6 7 8 7
9 9 6 3 3 5 5 3 3 5 5 2 8 8 1 1 8 8 1 1 7 4 4 6 6 4 4 6 6
9 6 9 6 8 1 8 6 8 1 7 1 7 9 2 9 7 9 2 8 2 8 1 3 1 8 1 3
6 6 6 5 9 9 5 5 9 8 8 8 7 2 2 7 7 2 1 1 1 9 4 4 9 9 4
3 3 2 5 9 5 1 5 8 7 7 6 9 4 9 5 9 3 2 2 1 4 8 4 9 4
6 5 7 5 5 6 6 4 6 5 4 6 4 4 5 5 3 5 4 3 5 3 3 4 4

594837261

5 9 14 18 23 27 32 36
41 45 49 54 58 63 67
5 9 5 9 5 9 5 9 5 9 4 9
4 5 4 5 4 5 4 5 4 4 5
5 9 5 9 5 9 5 9 5 9 4 9
4 5 4 5 4 5 4 5 4 5 4

924681357

9 12 14 16 18 21 23 25 27 29 32 34 36 38 13 57 92 46 81 35 79 82 84 86 88 91 93 95 97 99 102 104 106 108 111 113 115 117 119 122 124 126 128 131 133

9 3 5 7 9 3 5 7 9 2 5 7 9 2 4 3 2 1 9 8 7 1 3 5 7 1 3 5 7 9 3 5 7 9 3 5 7 9 2 5 7 9 2 5 7 9 2 4 7 9 2 4 7 9 2 4 6 9
3 2 2 2 3 2 2 2 2 3 2 2 2 2 8 8 8 8 8 8 3 2 2 2 3 2 2 2 2 3 2 2 2 3 2 2 2 2 3 2 2 2 3 2 2 2 2 3 2 2 2 3 2 2 2 2 3 2 2
8 9 9 1 8 9 9 9 1 8 9 9 9 6 9 9 9 9 9 4 8 9 9 1 8 9 9 9 1 8 9 9 1 8 9 9 9 1 8 9 9 1 8 9 9 9 1 8 9 9 1 8 9 9 9 1 8 9
1 9 1 7 1 9 9 1 7 1 9 9 6 3 9 9 9 9 4 4 1 9 1 7 1 9 9 1 7 1 9 1 7 1 9 9 1 7 1 9 1 7 1 9 9 1 7 1 9 1 7 1 9 9 1 7 1 9
8 1 6 3 8 9 1 6 3 8 9 6 6 6 9 9 9 4 9 6 8 1 6 3 8 9 1 6 3 8 1 6 3 1 9 1 6 3 6 1 6 3 8 9 1 6 3 8 1 6 3 7 9 1 6 3 8
2 5 6 5 1 1 5 6 5 1 6 9 9 3 9 9 4 5 6 2 2 5 6 5 1 1 5 6 5 2 5 6 7 8 1 5 6 3 4 5 6 5 1 1 5 6 5 2 5 6 4 2 1 5 6 5 2
3 1 8 5 9 4 1 8 5 5 3 9 3 6 9 4 1 1 5 9 3 1 8 5 9 4 1 8 6 3 1 1 1 2 4 1 6 1 1 1 8 5 9 4 1 8 6 3 1 7 7 8 4 1 8 6
7 7 6 4 4 6 7 6 9 7 6 3 3 3 4 6 9 4 4 3 7 7 6 4 4 6 7 7 6 7 9 9 1 2 6 5 4 9 9 7 6 4 4 6 7 7 6 7 6 9 1 5 6 7 7
9 8 7 9 2 1 8 3 7 8 6 9 9 1 2 3 4 9 8 4 9 8 7 9 2 1 9 8 1 2 9 1 1 4 8 8 5 9 7 8 7 9 2 1 9 8 1 8 3 1 4 1 1 9
8 8 2 2 8 7 4 4 1 7 3 9 1 1 1 1 5 8 5 5 8 8 2 2 8 8 8 7 1 7 1 9 3 4 9 6 4 7 1 8 2 2 8 8 8 2 7 4 7 3 6 9 8
9 3 9 6 8 5 9 6 6 5 6 1 9 9 9 4 3 6 9 3 9 3 9 6 9 9 8 3 6 3 8 3 1 5 6 7 3 3 7 3 9 6 9 9 3 5 6 3 5 3 3 8
3 6 6 2 6 4 6 9 8 1 4 8 9 9 4 8 3 3 3 6 3 6 6 3 9 8 4 3 6 5 4 7 4 1 1 5 9 4 5 3 6 3 9 3 2 1 6 2 7 9 5
3 9 5 4 7 2 3 8 7 3 4 1 9 4 4 4 9 9 3 6 3 9 6 6 8 5 8 3 8 8 3 6 6 9 4 4 4 1 7 3 6 6 3 8 8 5 5 5 2 5
6 5 8 3 4 1 5 8 5 1 6 8 4 9 9 5 9 3 3 6 6 6 9 2 6 3 4 5 9 4 3 9 3 4 9 9 6 6 5 3 9 6 5 9 6 9 96 3
8 3 4 1 6 4 3 6 5 5 2 5 5 9 5 4 3 6 3 9 9 3 2 4 6 1 1 4 4 8 6 3 1 5 9 6 9 8 7 6 6 8 4 6 3 9 6 6
4 1 6 5 7 8 3 8 9 6 3 9 4 5 8 8 3 6 6 9 3 8 2 2 4 9 3 9 4 7 6 7 4 4 6 3 8 8 8 9 2 5 2 6 6 6 9
6 5 8 2 1 4 5 1 6 6 6 4 1 3 9 4 3 9 3 3 5 3 9 2 5 3 6 4 3 8 1 6 9 2 6 5 9 9 1 2 3 6 4 9 9 3
8 3 3 8 3 1 5 5 9 9 7 6 2 6 4 8 6 3 9 2 7 6 2 3 7 3 7 8 5 2 5 3 2 4 8 4 9 1 1 1 3 7 5 9 3
4 9 5 4 7 4 9 4 9 7 8 5 4 7 4 7 6 6 2 5 8 5 1 4 5 4 1 6 6 3 7 8 2 4 5 5 1 9 9 2 4 7 4 3
5 5 8 3 6 5 4 5 7 1 6 8 3 6 3 8 9 5 3 3 6 5 3 1 8 6 5 9 6 4 1 3 2 1 9 5 8 9 2 2 3 6 8
9 3 4 3 8 8 1 2 3 5 2 4 3 6 5 1 5 7 9 3 8 7 7 7 7 8 4 6 7 6 2 8 8 8 5 3 1 2 9 1 3 2
3 1 8 5 9 2 1 1 2 6 2 8 3 8 5 4 2 2 3 5 8 9 9 9 1 5 2 1 8 5 6 9 9 6 7 7 1 7 1 2 8
7 7 6 4 2 8 9 1 4 5 6 4 5 6 8 7 9 1 2 3 1 9 9 1 4 6 8 7 6 1 3 9 6 1 9 3 6 3 1 6
9 8 7 7 6 1 1 3 1 1 7 1 1 2 8 2 1 1 1 7 8 9 1 3 1 2 8 8 4 2 6 6 4 8 3 3 6 7 5
8 8 9 8 4 9 2 7 9 6 3 9 1 6 3 8 9 9 6 1 1 1 2 7 1 6 9 5 7 4 9 7 4 4 9 3 17
9 1 8 5 5 2 5 2 6 6 6 1 5 6 5 1 9 6 4 9 9 1 5 3 5 3 5 2 6 5 7 6 9 5 3 76
1 7 6 9 6 3 6 4 9 9 4 4 1 8 5 8 6 7 5 9 1 4 7 2 7 2 6 4 8 2 8 3 5 7 4 8
6 8 3 6 6 3 7 5 9 4 9 6 7 6 3 7 1 7 4 1 3 4 4 5 4 4 7 4 3 6 4 2 2 6 4
2 4 3 9 6 4 7 4 4 5 6 1 8 6 4 3 6 6 6 2 1 9 1 8 9 3 6 8 3 7 7 9 4 7
2 8 3 6 7 3 6 9 1 1 4 7 7 7 8 3 9 9 5 8 8 1 7 1 3 3 2 4 4 9 2 4 3
6 4 3 1 5 3 3 1 9 3 3 9 9 1 4 6 9 5 3 9 2 6 3 2 9 8 2 9 5 2 2 8
78 7 4 7 9 7 8 3 9 6 9 1 3 2 3 5 7 6 2 4 6 8 7 8 3 7 5 6 9 6
1 8 6 3 2 7 1 4 6 6 3 1 2 8 1 2 2 8 5 2 2 2 8 1 4 4 7 1 3 6
7 7 6 8 5 3 3 2 9 6 7 1 6 2 1 9 6 6 6 9 9 6 2 3 9 3 3 2 3
9 8 2 6 7 9 8 7 6 1 3 5 5 8 8 6 9 9 3 9 6 5 1 6 3 9 8 1
8 3 4 1 2 8 8 8 4 2 2 9 3 9 7 3 9 3 6 6 8 5 5 6 6 82
4 1 6 1 6 9 9 5 7 9 7 3 6 7 5 6 3 3 9 2 6 9 1 9 2 3
6 5 4 5 3 9 5 2 2 7 5 3 1 7 1 6 9 6 2 4 3 1 8 2 1
8 8 1 7 6 5 6 9 5 7 7 7 6 3 5 3 6 5 2 8 7 7 3 8
9 2 6 8 8 1 3 5 2 9 9 8 6 2 7 3 8 6 6 8 9 5 5
2 4 2 9 2 2 2 6 7 9 8 7 5 5 5 5 7 9 2 1 5 9
2 7 7 2 9 9 4 1 2 8 8 7 9 9 9 2 2 2 8 4 4
5 9 4 7 9 4 6 1 6 9 8 2 9 9 2 9 9 6 59
4 4 3 2 4 2 4 5 3 8 3 7 9 2 7 9 6 8 4
9 8 8 2 7 2 1 7 5 4 4 2 2 5 2 6 2 5
8 9 3 5 4 8 6 7 8 9 7 9 3 6 4 5 3
1 3 2 8 4 7 1 1 1 7 2 3 3 7 1 7
4 8 6 5 3 3 9 9 6 4 1 9 4 3 6
4 7 8 7 9 6 9 6 7 6 8 4 8 3
3 1 8 2 6 3 6 1 8 2 5 4 4
7 7 3 4 6 3 4 7 3 3 8 9
9 5 1 2 6 1 3 5 9 5 1
5 5 1 4 4 2 2 45 5
9 5 3 9 7 9 2 1 9
5 7 6 7 2 2 8 8
2 8 1 4 9 6 9
6 2 3 5 6 3
5 1 2 1 6
5 1 8 5
5 7 6
28

9 3 5 7 9 3 5 7 9 2 5 7 9 2 4 3 2 1 9 8 7 1 3 5 7 1 3 5 7 9 3 5 7 9 3
3 8 3 7 3 8 3 7 2 7 3 7 2 6 7 5 3 1 8 6 8 4 8 3 8 4 8 3 7 3 8 3 7 3
2 2 1 1 2 2 1 9 9 1 1 9 8 4 3 8 4 9 5 5 3 3 2 2 3 3 2 1 1 2 2 1 1
4 32 3 4 3 1 9 1 2 1 8 3 7 2 3 4 5 1 8 6 5 4 5 6 5 3 2 3 4 3 2
7 5 5 7 7 4 1 1 3 3 9 2 1 9 5 7 9 6 9 5 2 9 9 2 2 8 5 5 7 7 5
3 1 3 5 2 5 2 4 6 3 2 3 1 5 3 7 6 6 5 7 2 9 2 4 1 4 1 3 5 3
4 4 8 7 7 7 6 1 9 5 5 4 6 8 1 4 3 2 3 9 2 2 6 5 5 5 4 8 8
8 3 6 5 5 4 7 1 5 1 9 1 5 9 5 7 5 5 3 2 4 8 2 1 1 9 3 7
2 9 2 1 9 2 8 6 6 1 1 6 5 5 3 3 1 8 5 6 3 1 3 2 1 3 1
2 2 3 1 2 1 5 3 7 2 7 2 1 8 6 4 9 4 2 9 4 4 5 3 4 4

4 5 4 3 3 6 8 1 9 9 9 3 9 5 1 4 4 6 2 4 8 9 8 7 8

9 9 7 6 9 5 9 1 9 9 3 3 5 6 5 8 1 8 6 3 8 8 6 6

9 7 4 6 5 5 1 1 9 3 6 8 2 2 4 9 9 5 9 2 7 5 3

7 2 1 2 1 6 2 1 3 9 5 1 4 6 4 9 5 5 2 9 3 8

9 3 3 3 7 8 3 4 3 5 6 5 1 1 4 5 1 7 2 3 2

3 6 6 1 6 2 7 7 8 2 2 6 2 5 9 6 8 9 5 5

9 3 7 7 8 9 5 6 1 4 8 8 7 5 6 5 8 5 1

3 1 5 6 8 5 2 7 5 3 7 6 3 2 2 4 4 6

4 6 2 5 4 7 9 3 8 1 4 9 5 4 6 8 1

1 8 7 9 2 7 3 2 9 5 4 5 9 1 5 9

9 6 7 2 9 1 5 2 5 9 9 5 1 6 5

6 4 9 2 1 6 7 7 5 9 5 6 7 2

1 4 2 3 7 4 5 3 5 5 2 4 9

5 6 5 1 2 9 8 8 1 7 6 4

2 2 6 3 2 8 7 9 8 4 1

4 8 9 5 1 6 7 8 3 5

3 8 5 6 7 4 6 2 8

2 4 2 4 2 1 8 1

6 6 6 6 3 9 9

3 3 3 9 3 9

6 6 3 3 3

3 9 6 6

3 6 3

9 9

9

2 6 2 6 1 6 1 6 1 6 1 6 1 5 1 5 1 5 1 5 1 5 1 5

8 8 8 7 7 7 7 7 7 7 7 7 6 6 6 6 6 6 6 6 6 6 6

7 7 6 5 5 5 5 5 5 5 5 4 3 3 3 3 3 3 3 3 3 3

5 4 2 1 1 1 1 1 1 1 9 7 6 6 6 6 6 6 6 6 6

9 6 3 2 2 2 2 2 2 1 7 4 3 3 3 3 3 3 3 3

6 9 5 4 4 4 4 4 3 8 2 7 6 6 6 6 6 6 6

6 5 9 8 8 8 8 7 2 1 9 4 3 3 3 3 3 3

2 5 8 7 7 7 6 9 3 1 4 7 6 6 6 6 6

7 4 6 5 5 4 6 3 4 5 2 4 3 3 3 3

2 1 2 1 9 1 9 7 9 7 6 7 6 6 6

3 3 3 1 1 1 7 7 7 4 4 4 3 3

6 6 4 2 2 8 5 5 2 8 8 7 6

3 1 6 4 1 4 1 7 1 7 6 4

261594837

2 6 11 15 19 24 28 33 37 42 46 51 55 59 64 68 73 77 82 86 94 98 103 107

2 6 2 6 1 6 1 6 1 6 1 6 1 5 1 5 1 5 1 5

4 5 4 4 5 4 5 4 5 4 5 4 4 5 4 5 4 5 4

1 8 9 1 8 1 8 1 8 1 8 9 1 8 1 8 1 8

7 1 1 7 2 7 2 7 2 7 1 1 7 2 7 2 7

3 9 6 4 5 4 5 4 5 3 9 6 4 5 4 5

6 6 7 1 8 1 8 1 7 6 6 7 1 8 1

9 1 6 7 2 7 2 6 8 9 1 3 7 2

1 5 1 4 5 4 4 2 1 1 2 4 4

4 5 3 1 8 9 7 8 9 1 2 9

1 7 7 7 1 7 1 1 1 1 7

6 9 9 3 6 3 9 9 9 6

4 7 1 5 5 5 8 8 8 4 1
2 8 6 1 1 4 7 7 3 5
1 5 7 2 5 2 5 1 8
6 3 9 7 7 7 6 9
9 3 7 5 5 4 6
3 1 3 1 9 1
4 5 5 1 1
9 1 6 2
1 7 8
8 6
5

3 9 3 3 6 6 9 9 6
6 3 9 3 9 3 9 6
6 6 3 6 3 6 6
9 6 3 6 3 9
6 6 3 6 6

876543219

8 17 26 35 44 53 62 71 89 98 107 116 125 134 143 152 161 169 178 187 196 205 214 223 232 241
8 88 8 8 8 8 8 8 8 8 8 8 8 8 8 8 7 7 7 7 7 7 7 7 7 6 6 6 6 6 6 6 6 6 5 5 5
9 9 9 9 9 9 9 9 9 9 9 9 9 9 9 9 8 9 9 9 9 9 9 9 9 8 9 9 9 9 9 9 9 9 8 9 9
9 9 9 9 9 9 9 9 9 9 9 9 9 9 9 8 1 9 9 9 99 9 9 8 1 9 99 9 9 9 9 8 1 9
9 9 9 9 9 9 9 9 9 9 9 9 9 9 8 2 8 9 9 9 9 9 9 8 2 8 9 9 9 9 9 9 8 2 8
9 9 9 9 9 9 9 9 9 9 9 9 9 8 2 6 1 9 9 9 9 9 8 3 6 1 9 9 9 9 9 8 3 6
9 99 9 9 9 9 9 9 9 9 9 9 8 2 4 4 8 9 9 9 9 8 4 3 4 8 9 9 9 9 8 4 3
9 9 9 9 9 9 9 9 9 9 9 8 2 2 9 4 1 9 9 9 8 5 8 1 4 1 9 9 9 8 5 8
9 9 9 9 9 9 9 9 9 9 8 2 9 7 4 6 8 9 9 8 6 3 2 3 6 8 9 9 8 6 3
9 9 9 9 9 9 9 9 98 2 7 7 6 2 2 1 9 8 7 6 8 1 3 2 1 9 8 7 6
9 9 9 9 9 9 9 98 3 5 9 8 5 9 8 8 8 8 8 2 2 2 8 8 8 8 8 8
9 99 9 9 9 9 8 4 2 4 8 6 4 8 9 9 9 9 3 9 9 6 9 9 9 9 9
9 9 9 9 9 9 8 5 7 2 4 7 7 4 1 9 9 9 3 6 9 6 3 9 9 9 9
9 9 9 9 9 8 6 2 4 2 3 9 6 6 8 9 9 3 3 3 6 6 6 9 9 9
9 9 9 9 8 7 5 2 7 1 6 6 9 2 1 9 3 9 9 3 9 9 3 9 9
9 9 9 8 8 7 6 5 3 5 9 3 2 8 8 3 6 9 3 6 9 3 6 9
9 9 8 9 8 8 8 7 2 4 3 8 6 9 4 3 3 3 3 3 3 3 3
9 8 1 8 9 9 8 4 2 8 5 8 3 4 8 9 9 9 9 9 9 9
8 2 7 1 9 8 5 7 6 6 3 4 1 4 1 9 9 9 9 9 9
3 5 3 8 8 6 2 8 9 6 1 6 3 6 8 9 9 9 9 9
2 7 5 9 7 5 6 1 6 4 5 6 3 2 1 9 9 9 9
5 7 4 7 7 1 4 5 7 1 1 6 8 8 8 9 9 9
2 6 3 9 3 3 1 2 3 9 5 2 9 9 1 9 9
4 6 6 3 9 7 1 1 6 5 6 7 9 1 8 9
2 9 6 6 7 3 9 5 8 1 1 2 1 2 1
7 6 9 1 5 6 5 3 2 9 1 8 1 8
8 3 1 4 1 8 7 8 7 1 7 2 7
4 7 3 6 7 8 1 8 3 6 4 5
3 5 3 1 1 2 7 4 3 7 1
2 7 7 9 1 5 6 8 4 3
5 9 2 1 4 1 2 5 8
4 2 8 3 6 1 3 3
7 6 4 3 4 2 9
8 7 8 1 7 7
8 1 2 6 9
2 1 4 3
8 3 8
4 5
1

8 88 8 8 8 8 8 8 8 8 8 8 8 8 8 8 7 7 7
7 7 7 7 7 7 7 7 7 7 7 7 7 7 7 7 7 6 5 5
5 5 5 5 5 5 5 5 5 5 5 5 5 5 5 4 2 1
1 1 1 1 1 1 1 1 1 1 1 1 1 1 1 9 6 3
2 2 2 2 2 2 2 2 2 2 2 2 2 2 1 6 9
4 4 4 4 4 4 4 4 4 4 4 4 3 7 6

8 8 8 8 8 8 8 8 8 8 8 7 1 4
7 7 7 7 7 7 7 7 7 7 7 6 8 5

642975318

6 14 22 29 37 45 53 61 68 76 84 92 97 105 113 121 128 136 144 152 159 167 175 183 191 198
6 5 4 2 1 9 8 7 5 4 3 2 7 6 5 4 2 1 9 8 6 5 4 3 2 9 8
3 6 198 3 7 1
6 5 4 2 1 9 8 7 5 4 3 2 7 6 5 4 2 1 9 8 6 5 4 3 2 9 8
8 8 7 8 8 8 8 7 8 8 8 5 8 8 8 7 8 8 8 7 8 8 8 8 7

6 5 4 2 1 9 8 7 5 4 3 2 7 6 5 4 2 1 9 8 6 5 4 3 2 9 8
6 15 24 32 41 49 58 67 75 84 93 102 107 116 125 134 142 151 159 168 176 185 194 203 212 219 228
6 16 26 35 45 54 64 74 83 93 103 113 118 128 138 148 157 167 176 186 195 205 215 225 235 243 253
6 7 8 18 19 29 31 32 42 43 44 45 51 52 53 54 64 65 75 76 86 87 88 89 91 99 101
6 7 8 9 11 12 14 15 16 17 18 19 26 27 28 29 31 32 33 34 35 36 37 38 41 49 52
6 7 8 9 12 13 15 16 17 18 19 21 28 29 31 32 34 35 36 37 38 39 41 42 45 54 57
6 7 8 9 13 14 16 17 18 19 21 23 31 32 34 35 37 38 39 41 42 43 45 46 49 59 63
6 7 8 9 14 15 17 18 19 21 23 25 34 35 37 38 41 42 43 45 46 47 49 51 54 55 59
6 7 8 9 15 16 18 19 21 23 25 27 37 38 41 42 45 46 47 49 51 52 54 56 59 61
65
6 7 8 9 16 17 19 21 23 25 27 29 31 32 35 36 39 41 42 44 46 47 49 52 55 57
62
6 7 8 9 17 18 21 23 25 27 29 32 34 35 38 39 43 45 47 48 51 52 54 57 61 63
68
6 7 8 9 18 19 23 25 27 29 32 35 37 38 42 43 47 49 52 53 56 57 59 63 67 69
75
6 7 8 9 19 21 25 27 29 32 35 38 41 42 46 47 52 54 57 58 62 63 65 69 74 76
83
6 7 8 9 11 13 17 19 22 25 28 32 35 36 41 42 47 49 53 54 58 59 62 66 72 74
82
6 7 8 9 12 14 18 21 24 27 31 35 38 39 45 46 52 54 58 59 64 65 68 73 79 82
91
6 7 8 9 13 15 19 23 26 29 34 38 42 43 49 51 57 59 64 65 71 72 75 81 87 91
101
6 7 8 9 14 16 21 25 28 32 37 42 46 47 54 56 63 65 71 72 78 79 83 89 96 101
102
6 7 8 9 15 17 23 27 31 35 41 46 51 52 59 62 69 72 78 79 86 87 92 98 106 112
113
6 7 8 9 16 18 25 29 34 38 45 51 56 57 65 68 76 79 86 87 95 96 102 108 117 119
125
6 7 8 9 17 19 27 32 37 42 49 56 62 63 72 75 84 87 95 96 105 106 113 119 129 132
138
6 7 8 9 18 21 29 35 41 46 54 62 68 69 79 83 93 96 105 106 116 117 125 132 133 135
143
6 7 8 9 19 23 32 38 45 51 59 68 75 76 77 82 83 86 96 97 98 99 108 116 117 119
128
6 7 8 9 11 15 25 32 39 46 55 65 73 74 75 81 82 85 86 87 88 89 99 108 109 121
122
6 7 8 9 12 16 17 25 33 41 51 52 61 62 63 69 71 74 75 76 77 78 79 89 91 95
105
6 7 8 9 13 17 18 27 36 45 46 47 57 58 59 66 68 72 73 74 75 76 77 78 81 85
86
6 7 8 9 14 18 19 29 39 49 51 52 53 54 55 63 65 69 71 72 73 74 75 76 79 84
85
6 7 8 9 15 19 21 22 23 24 26 27 28 29 31 39 42 46 48 49 51 52 53 54 57 63 64
6 7 8 9 16 21 23 24 25 26 28 29 31 32 34 43 46 51 53 54 56 57 58 59 63 69 71
6 7 8 9 17 23 25 26 27 28 31 32 34 35 37 47 51 56 59 69 72 73 74 75 79 86 88
6 7 8 9 18 25 27 28 29 31 34 35 37 38 41 42 46 52 55 56 59 61 62 63 67 75 77
6 7 8 9 19 27 29 31 32 34 37 38 41 42 45 46 51 57 61 62 65 67 68 69 74 83 85
6 7 8 9 11 19 22 24 25 27 31 32 35 36 39 41 46 53 57 58 62 64 65 66 72 82 84
6 7 8 9 12 21 24 26 27 29 34 35 38 39 43 45 51 58 63 64 68 71 72 73 79 81 83
6 7 8 9 13 23 26 28 29 32 37 38 42 43 47 49 56 64 69 71 75 78 79 81 87 89 92

162738495

1 6 12 17 23 28 34 39 45 51 56 62 67 73 78 84 89 95 101 106 112 117 123 128 134 139 145
151
1 6 3 8 5 1 7 3 9 6 2 8 4 1 6 3 8 5 2 7 4 9 6 2 8 4 1 7 3
5 6 5 6 5 6 5 6 6 6 5 6 5 6 5 6 5 6 6
1 8 1 8 1 8 1 9 8 1 8 1 8 1 8 1 9
1 6 3 8 5 1 7 3 9 6 2 8 4 1 6 3 8 5 2 7 4 9 6 2 8 4 1 7 3
1 6 13 18 25 31 37 43 49 56 62 68 74 81 86 93 98 105 112 117 124 129 136 142 148 154 161

9 9 1 1 2 3 4 4 5 6 6 7 8 8 9 10 10 11 12 12 13 14 15 15 16 17

1 6 14 19 27 34 41 47 54 62 68 75 82 89 95 103 108 116 124 129 137 143 151 157 164 171 178

789123456

7 8 9 11 12 13 14 15 16 17 18 19 21 22 23 24 25 26 27 28 29 31 32 33 34 35 36 37 38 39 41 2
3
7 8 9 2 3 4 5 6 7 8 9 1 3 4 5 6 7 8 9 1 2 4 5 6 7 8 9 1 2 3 5
1 2 3
7 8 9 2 3 4 5 6 7 8 9 1 3 4 5 6 7 8 9 1 2 4 5 6 7 8 9 1 2 3 5
1 1 2 1 1 1 1 1 1 1 1 1 2
9 1 8 9 9 9 9 9 9 9 9 1
7 8 9 2 3 4 5 6 7 8 9 1 3 4 5 6 7 8 9 1 2 4 5 6 7 8 9 1 2 3 5
1 1 2 1 1 1 1 1 1 1 1 2 1 1 1 1 1 1 1 1 1 2 1 1 1 1 1 1 1 1 2
9 1 8 9 9 9 9 9 9 9 1 8 9 9 9 9 9 9 9 9 1 8 9 9 9 9 9 9 9 1
1 7 1 9 9 9 9 9 9 1 7 1 9 9 9 9 9 9 1 7 1 9 9 9 9 9 9 1
6 3 8 9 9 9 9 9 1 6 3 8 9 9 9 9 9 1 6 3 8 9 9 9 9 9 1
6 5 1 9 9 9 9 1 5 6 5 1 9 9 9 9 1 5 6 5 1 9 9 9 9 1
8 5 8 9 9 9 1 4 1 8 5 8 9 9 9 1 4 1 8 5 8 9 9 9 1
6 3 1 9 9 1 3 6 7 6 3 1 9 9 1 3 6 7 6 3 1 9 9 1
6 7 8 9 1 2 3 1 8 6 7 8 9 1 2 3 1 8 6 7 8 9 1
1 1 1 1 1 1 7 7 7 1 1 1 1 1 1 1 7 7 7 1 1 1 1
9 9 9 9 9 6 9 9 3 9 9 9 9 9 6 9 9 39 9 9
9 9 9 9 6 3 9 3 6 9 9 9 9 6 3 9 3 6 9 9
9 9 9 6 6 6 3 3 3 9 9 9 6 6 6 3 3 3 9
9 9 6 9 9 6 9 9 6 9 9 6 9 9 6 9 9 6
9 6 3 9 6 3 9 6 3 9 6 3 9 6 396
6 6 6 6 6 6 6 6 6 6 6 6 6 6 66
9 9 9 9 9 9 9 9 9 9 9 9 9 99
9 9 99 9 9 9 9 99 999999

912345678

9 11 12 13 14 15 16 17 18 19 21 22 23 24 25 26 27 28 29 31 32 33 34 35
9 2 3 4 5 6 7 8 9 1 3 4 5 6 7 8 9 1 2 4 5 6 7 8
2 1 1 1 1 1 1 1 1 2 1 1 1 1 1 1 1 1 2
9 2 3 4 5 6 7 8 9 1 3 4 5 6 7 8 9 1 2 4 5 6 7 8
2 5 7 9 2 4 6 8 1 4 7 9 2 4 6 8 1 3 6 9 2 4 6
7 3 7 2 6 1 5 9 5 2 7 2 6 1 5 94 9 6 2 6 1
1 1 9 8 7 6 5 5 7 9 9 8 7 6 5 4 4 6 8 8 7
2 1 8 6 4 2 1 3 7 9 8 6 4 2 9 8 1 5 7 6
3 9 5 1 6 3 4 1 7 8 5 1 6 2 8 9 6 3 4
3 5 6 7 9 7 5 8 6 4 6 7 8 1 8 6 9 7
8 2 4 7 7 3 4 5 1 1 4 6 9 9 5 6 7
1 6 2 5 1 7 9 6 2 5 1 6 9 5 2 4
7 8 7 6 8 7 6 8 7 6 76 5 7 6
6 6 4 5 6 4 5 6 4 4 4 2 3 4
3 1 9 2 1 9 2 1 8 8 6 5 7
4 1 2 3 1 2 3 9 7 5 2 3
5 3 5 4 3 5 3 7 3 7 5
8 8 9 7 8 8 1 1 1 3
7 8 7 6 7 9 2 2 4
6 6 4 4 7 2 4 6
3 1 8 2 9 6

738495162

7 13 18 24 29 35 41 46 52 57 63 68 74 79 85 91 96 102 107
7 4 9 6 2 8 5 1 7 3 9 5 2 7 4 1 6
6 5 6 5 6 6 5 6 5 6 5 6
8 1 8 1 9 8 1 8 1 8 1
7 4 9 6 2 8 5 1 7 3 9 5 2 7 4 1 6
6 5 6 5 6 6 5 6 5 6 5 6 5 6 6 5
8 1 81 9 8 1 8 1 8 1 8 1 9 8
2 7 2 8 8 2 7 2 7 2 7 2 8 8
5 4 6 9 3 5 4 5 4 5 4 6 9

483726159

4 8 13 17 22 26 31 35 39 44 48 53 57 62 66 71 75 79 84 88 93 97 102 106 111 115 119 124 128 133 137 142 146
4 8 4 8 4 8 4 8 3 8 3 8 3 8 3 8 3 7 3 7 3 7 3 7 3 7 2 7 2 7 2 7 2 7
4 5 4 5 4 5 4 4 5 4 5 4 5
4 8 4 8 4 8 4 8 3 8 3 8 3 8 3 8 3 7 3 7 3 7 3 7 3 7 2 7 2 7 2 7 2 7
3 3 3 3 33 3 2 2 2 2 2 2 2 2 2 1 1 1 1 1 1 1 1 1 1 1
6 6 6 66 6 5 4 4 4 44 4 4 4 3 2 2 2 2 2 2 2 2 2 2
3 3 3 3 3 2 9 8 8 8 8 8 8 8 87 5 4 4 4 4 4 4 4 4 4

543219876

5 14 23 32 41 49 58 67 76 85 94 103 112 121 129 138 147 156 165 174 183 192 201 209 218 7 6 5 4 3 2 1 9 8
5 5 5 5 5 4 4 4 4 4 4 4 4 4 3 3
58 64
9 9 9 9 8 9 9 9 9 9 9 9 9 8 9
5 5 5 5 5 4 4 4 4 4 4 4 4 4 3 3
9 9 9 9 8 9 9 9 9 9 9 9 9 8 9
9 9 9 8 1 9 9 9 9 9 9 9 8 1

975318642
9 17 25 33 41 48 56 64 72 79 87 95 103 111 118 126 134 142 149 157 165 173 181 188
9 8 7 6 5 3 2 1 9 7 6 5 4 3 1 9 8 7 5 4 3 2 1 8
4 8 2 6 9
9 8 7 6 5 3 2 1 9 7 6 5 4 3 1 9 8 7 5 4 3 2 1 8
8 8 8 8 7 8 8 8 7 8 8 8 8 7 8 8 8 7 8 8 8 8 7
9 8 7 6 5 3 2 1 9 7 6 5 4 3 1 9 8 7 5 4 3 2 1 8
8 8 8 8 7 8 8 8 7 8 8 8 8 7 8 8 8 7 8 8 8 8 7
9 9 9 8 1 9 9 8 1 9 9 9 8 1 9 9 8 1 9 9 9 8

849516273
8 14 19 25 31 36 42 47 53

8 5 1 7 4 9 6 2 8 4 1
6 5 6 6 5 6 5 6 5 6
8 5 1 7 4 9 6 2 8 4 1
4 6 8 2 4 6 8 1 3 5
1 5 1 6 1 5 9 4 8
6 6 7 7 6 5 4 3
3 4 5 4 2 9 7
7 9 9 6 2 7
7 9 6 8 9
7 6 5 8
4 2 4

321987654

3 12 21 29 38 47 56 65 74 83 92 101 109 118
3 3 3 2 2 2 2 2 2 2 2 2
9 9 8 9 9 9 9 9 9 9
3 3 3 2 2 2 2 2 2 2 2 2
6 6 5 4 4 4 4 4 4 4 4
3 2 9 8 8 8 8 8 8 8
5 2 8 7 7 7 7 7 7
7 1 6 5 5 5 5 5
8 7 2 1 1 1 1
6 9 3 2 2 2
6 3 5 4 4
9 8 9 8
8 8 8

531864297

5 13 21 28 36 44 52 59 67 75 83 91 98
5 4 3 1 9 8 7 5 4 3 2 1 8
2 6 9
5 4 3 1 9 8 7 5 4 3 2 1 8
8 8 7 8 8 8 7 8 8 8 8 7
5 4 3 1 9 8 7 5 4 3 2 1 8
9 7 4 1 8 6 3 9 7 5 3 9
7 2 5 9 5 9 3 7 3 8 3
9 7 5 5 5 3 1 1 2 2
7 3 1 1 8 4 2 3 4
1 4 2 9 3 6 5 7

345678912

3 4 5 6 7 8 9 11 12 13 14 15 16 17 18 19 21 22 23 24 25 26 27 28 29 31 32
3 4 5 6 7 8 9 2 3 4 5 6 7 8 9 1 3 4 5 6 7 8 9 1 2 4
1
3 4 5 6 7 8 9 2 3 4 5 6 7 8 9 1 3 4 5 6 7 8 9 1 2 4
1 1 1 1 1 1 2 1 1 1 1 1 1 1 1 2
3 4 5 6 7 8 9 2 3 4 5 6 7 8 9 1 3 4 5 6 7 8 9 1 2 4
7 9 2 4 6 8 2 5 7 9 2 4 6 8 1 4 7 9 2 4 6 8 1 3 6
7 2 6 1 5 1 7 3 7 2 6 1 5 9 5 2 7 2 6 1 5 9 4 9
9 8 7 6 6 8 1 1 9 8 7 6 5 5 7 9 9 8 7 6 5 4 4
8 6 4 3 5 9 2 1 8 6 4 2 1 3 7 9 8 6 4 2 9 8
5 1 7 8 5 2 3 9 5 1 6 3 4 1 7 8 5 1 6 2 8

792468135

7 9 12 14 16 18 21 23 25 27 29 32 34 36 38 41 43 45 47 49 52

2 7 9 3 5 7 9 3 5 7 9 2 5 7 9
2 3 2 2 2 3 2 2 2 2 3 2 2
7 9 3 5 7 9 3 5 7 9 2 5 7 9
7 3 8 3 7 3 8 3 7 2 7

987654321

9 18 27 36 45 54 63 72 81 89 98 107 116 125
9 9 9 9 9 9 9 9 9 9 8 8 8
9 9 9 9 9 9 9 9 8 9 9
9 9 9 9 9 9 9 9 9 9 8 8 8
9 9 9 9 9 9 9 9 8 7 7
9 9 9 9 9 9 9 8 6 5
9 9 9 9 9 9 8 5 2
9 9 9 9 9 8 4 7
9 9 9 9 8 3 2
9 9 9 8 2 5
9 9 8 1 7
9 8 9 8
8 8 8

726159483

7 12 16 21 25 29 34 38 43 47 52 56 61 65 69
7 3 7 3 7 2 7 2 7 2 7 2 7 2 6
5 4 5 4 5
7 3 7 3 7 2 7 2 7 2 7 2 7 2 6
1 1 1 1 9 9 9 9 9 9 9 9 9 8

369369369

3 6 9 13 16 19 23 26 29 33 36 39 43 46 49 53 56 59 63 66 69 73 76 79 83 86 89 93 96 99
3 6 9 4 7 1 5 8 2 6 9 3 7 1 4 8 2 5 9 3 6 1 4 7 2 5 8 3 6 9 4 7 1
3 3 4 3 3 4 3 3 4 3 3 4 3 3 4 3
3 6 9 4 7 1 5 8 2 6 9 3 7 1 4 8 2 5 9 3 6 1 4 7 2 5 8 3 6 9 4 7 1
9 6 4 2 8 6 4 1 8 6 3 1 8 5 3 1 7 5 3 9 7 5 2 9 7 4 2 9 6 4 2 8
6 1 6 1 5 1 5 9 5 9 4 9 4 8 4 8 3 8 3 7 3 7 2 7 2 6 2 6 1 6 1
7 7 7 6 6 6 5 5 5 4 4 4 3 3 3 2 2 2 1 1 1 9 9 9 8 8 8 7 7 7
5 5 4 3 3 2 1 1 9 8 8 7 6 6 5 4 4 3 2 2 1 9 9 8 7 7 6 5 5
1 9 7 6 5 3 2 1 8 7 6 4 3 2 9 8 7 5 4 3 1 9 8 6 5 4 2 1
1 7 4 2 8 5 3 9 6 4 1 7 5 2 8 6 3 9 7 4 1 8 5 2 9 6 3
8 2 6 1 4 8 3 6 1 5 8 3 7 1 5 9 3 7 2 5 9 4 7 2 6 9
1 8 7 5 3 2 9 7 6 4 2 1 8 6 5 3 1 9 7 5 4 2 9 8 6
9 6 3 8 5 2 7 4 1 6 3 9 5 2 8 4 1 7 3 9 6 2 8 5
6 9 2 4 7 9 2 5 7 9 3 5 7 1 3 5 8 1 3 6 8 1 4
6 2 6 2 7 2 7 3 7 3 8 3 8 4 8 4 9 4 9 5 9 5
8 8 8 9 9 9 1 1 1 2 2 2 3 3 3 4 4 4 5 5 5
7 7 8 9 9 1 2 2 3 4 4 5 6 6 7 8 8 9 1 1
5 6 8 9 1 3 4 5 7 8 9 2 3 4 6 7 8 1 2
2 5 8 1 4 7 9 3 6 8 2 5 7 1 4 6 9 3
7 4 9 5 2 7 3 9 5 1 7 3 8 5 1 6 3
2 4 5 7 9 1 3 5 6 8 1 2 4 6 7 9
6 9 3 7 1 4 8 2 5 9 3 6 1 4 7
6 3 1 8 5 3 1 7 5 3 9 7 5 2
9 4 9 4 8 4 8 3 8 3 7 3 7
4 4 4 3 3 3 2 2 2 1 1 1
8 8 7 6 6 5 4 4 3 2 2
7 6 4 3 2 9 8 7 5 4
4 1 7 5 2 8 6 3 9
5 8 3 7 1 5 9 3
4 2 1 8 6 5 3
6 3 9 5 2 8
9 3 5 7 1
3 8 3 8
2 2 2
4 4
8

963963963

9 16 23 29 36 43 49 56 63 69 76 83 89 96 103 109 116 123 129 136 396396396
9 7 5 2 9 7 4 2 9 6 4 2 8 6 4 1 8 6 3 1

7 7 6 7 7 6 7 7 6 7 7 6 7 7 6

9 7 5 2 9 7 4 2 9 6 4 2 8 6 4 1 8 6 3 1

7 7 6 7 7 6 7 7 6 7 7 6 7 7 6 7 7 6 7

9 8 1 9 8 1 9 8 1 9 8 1 9 8 1 9 8 1

8 2 8 8 2 8 8 2 8 8 2 8 8 2 8 8 2

3 6 9 3 6 9 3 6 9 3 6 9 3 6 9 3

3 3 3 3 3 3 3 3 3 3 3 3 3 3 3

639639639

6 13 19 26 33 39 46 53 59 66 73 79 86 93 99 106 39639

6 4 1 8 6 3 1 8 5 3 1 7 5 3 9 7

7 6 7 7 6 7 7 6 7 7 6 7 7 6

6	13	19	26	33	39	46	53	59	66	73	79	86	93	99	106
6	14	21	28	36	43	51	58	65	73	81	87	95	103	109	117
6	15	23	31	29	37	46	54	62	71	79	86	95	104	111	119
6	16	25	34	42	51	61	69	78	88	97	105	115	125	128	132
6	7	17	27	36	46	47	56	66	67	77	86	87	88	92	96
6	7	8	9	19	21	22	32	33	34	35	45	46	47	52	56
6	7	8	9	11	13	14	15	16	17	18	19	21	22	27	32
6	7	8	9	12	14	15	16	17	18	19	21	23	24	29	35
6	7	8	9	13	15	16	17	18	19	21	23	25	26	32	38
6	7	8	9	14	16	17	18	19	21	23	25	27	28	35	42
6	7	8	9	15	17	18	19	21	23	25	27	29	31	38	46
6	7	8	9	16	18	19	21	23	25	27	29	32	34	42	51
6	7	8	9	17	19	21	23	25	27	29	32	35	37	46	56
6	7	8	9	18	21	23	25	27	29	32	35	38	41	51	52
6	7	8	9	19	23	25	27	29	32	35	38	42	45	46	47
6	7	8	9	11	15	17	19	22	25	28	32	36	39	41	42
6	7	8	9	12	16	18	21	24	27	31	35	39	43	45	46
6	7	8	9	13	17	19	23	26	29	24	28	33	37	39	41
6	7	8	9	14	18	21	25	28	32	36	41	46	51	53	55
6	7	8	9	15	19	23	27	31	35	39	45	51	56	58	61
6	7	8	9	16	21	25	29	34	38	43	49	56	62	64	67
6	7	8	9	17	23	27	32	37	42	47	54	62	68	71	74
6	7	8	9	18	25	29	35	41	46	52	59	68	75	78	82
6	7	8	9	19	27	32	38	45	51	57	65	75	83	86	91
6	7	8	9	11	19	25	32	39	46	53	62	73	82	95	101
6	7	8	9	12	21	27	35	43	51	58	68	71	81	85	87
6	7	8	9	13	23	19	28	37	46	54	55	58	59	64	66
6	7	8	9	14	15	21	31	41	51	59	61	64	65	71	73
6	7	8	9	15	16	23	24	25	26	35	37	41	42	48	51
6	7	8	9	16	17	25	26	27	28	38	41	45	46	53	56

936936936

9 13 16 19 23 26 29 33 36 39 43 46 49 53 56 59 63 66 69

9 4 7 1 5 8 2 6 9 3 7 1 4 8 2 5 9 3 6

4 3 3 4 3 3 4 3 3 4 3 3 4 3 3 4 3

9 4 7 1 5 8 2 6 9 3 7 1 4 8 2 5 9 3 6

4 3 3 4 3 3 4 3 3 4 3 3 4 3 3 4 3 3

8 9 1 8 9 1 8 9 1 8 9 1 8 9 1 8 9

1 1 7 1 1 7 1 1 7 1 1 7 1 1 7 1

9 6 3 9 6 3 9 6 3 9 6 3 9 6 3

396396396

3 9 16 23 29 36 43 49 56 63 69 76 83 89 96 39639639
3 9 7 5 2 9 7 4 2 9 6 4 2 8 6
6 7 7 6 7 7 6 7 7 6 7 7
3 9 7 5 2 9 7 4 2 9 6 4 2 8 6
6 7 7 6 7 7 6 7 7 6 7 7 6 7
1 9 8 1 9 8 1 9 8 1 9 8 1
8 8 2 8 8 2 8 8 2 8 8 2
9 3 6 9 3 6 9 3 6 9 3

999999999

9 19 29 39 49 59 69 79 89 99 109 119 129 139 149 159 169 179 189 199
9 1 2 3 4 5 6 7 8 9 1 2 3 4 5 6 7 8 9 1
1 1 1 1 1 1 1 1 1 1 1 1
9 1 2 3 4 5 6 7 8 9 1 2 3 4 5 6 7 8 9 1
1 1 1 1 1 1 1 1 1 1 1 1 1 1 1 1 1 1 1
2 2 2 2 2 2 2 2 2 2 2 2 2 2 2 2 2 2
4 4 4 4 4 4 4 4 4 4 4 4 4 4
8 8 8 8 8 8 8 8 8 8 8
7 7 7 7 7 7 7 7 7 7
5 5 5 5 5 5 5 5 5
1 1 1 1 1 1 1 1
2 2 2 2 2 2 2

864297531

8 16 24 32 39 47 55 63 71 78 86 94 102 109 117 125 133 141 148 156 164 172 179 187 195 203 211 218 226 234
8 7 6 5 3 2 1 9 8 6 5 4 3 1 9 8 7 6 4 3 2 1 8 7 6 5 4 2 1 9 8 6
4 7 2 5 9 3 7
8 7 6 5 3 2 1 9 8 6 5 4 3 1 9 8 7 6 4 3 2 1 8 7 6 5 4 2 1 9 8 6
8 8 8 7 8 8 8 8 7 8 8 8 7 8 8 8 8 7 8 8 8 7
8 7 6 5 3 2 1 9 8 6 5 4 3 1 9 8 7 6 4 3 2 1 8 7 6 5 4 2 1 9 8 6

516273849

5 11 16 22 27 33 38 44 49 55 61 66 72 77 83
5 2 7 4 9 6 2 8 4 1 7 3 9 5 2
33
6 5 6 5 6 5 6 5 6 6 5 6 5 6
5 2 7 4 9 6 2 8 4 1 7 3 9 5 2
7 9 2 4 6 8 1 3 5 8 1 3 5 7
7 2 6 1 5 9 4 8 4 9 4 8 3
9 8 7 6 5 4 3 3 4 4 3 2
8 6 4 2 9 7 6 7 8 7 5
5 1 6 2 7 4 4 6 6 3
6 7 8 9 2 8 1 3 9
4 6 8 2 1 9 4 3
1 5 1 3 1 4 7
6 6 4 4 5 2

891234567
8 9 11 12 13 14 15 16 17 18 19 21 22 23 24 25 26 27 28 29 31 32

8 9 2 3 4 5 6 7 8 9 1 3 4 5 6 7 8 9 1 2 4 5 6
1 2 3
8 9 2 3 4 5 6 7 8 9 1 3 4 5 6 7 8 9 1 2 4 5 6
1 2 1 1 1 1 1 1 1 1 2 1 1 1 1 1 1 1 1 2
8 9 2 3 4 5 6 7 8 9 1 3 4 5 6 7 8 9 1 2 4 5 6
8 2 5 7 9 2 4 6 8 1 4 7 9 2 4 6 8 1 3 6 9 2

3 1 8 9 7
4 9 8 7
4 8 6

678912345

6 7 8 9 11 12 13 14 15 16 17 18 19 21 22 23 24 25 26 27 28 29 31 32 33 34
6 7 8 9 2 3 4 5 6 7 8 9 1 3 4 5 6 7 8 9 1 2 4 5 6 7
1 2 3
6 7 8 9 2 3 4 5 6 7 8 9 1 3 4 5 6 7 8 9 1 2 4 5 6 7
1 1 1 2 1 1 1 1 1 1 1 1 2 1 1 1 1 1 1 1 1 2
6 7 8 9 2 3 4 5 6 7 8 9 1 3 4 5 6 7 8 9 1 2 4 5 6 7
4 6 8 2 5 7 9 2 4 6 8 1 4 7 9 2 4 6 8 1 3 6 9 2 4
1 5 1 7 3 7 2 6 1 5 9 5 2 7 2 6 1 5 9 4 9 6 2 6
6 6 8 1 1 9 8 7 6 5 5 7 9 9 8 7 6 5 4 4 6 8 8
3 5 9 2 1 8 6 4 2 1 3 7 9 8 6 4 2 9 8 1 5 7
8 5 2 3 9 5 1 6 3 4 1 7 8 5 1 6 2 8 9 6 3
4 7 5 3 5 6 7 9 7 5 8 6 4 6 7 8 1 8 6

2 8 6 4 2 8 5 3 1 7 4 2 9 7 4 1 8
2 9 8 7 6 5 3 2 1 9 7 6 5 4 3 1 9 8
7 8 8 8 8 7 8 8 8 7 8 8 8 8 7 8 8
2 9 8 7 6 5 3 2 1 9 7 6 5 4 3 1 9 8
4 8 2
2 9 8 7 6 5 3 2 1 9 7 6 5 4 3 1 9 8
2 9 17 25 33 41 48 56 64 72 79 87 95 103 111 118 126 134
297531864

273849516

2 7 13 18 24 29 35 41 46 52 57 63 68 74 79 85 91 96 102 107 113
44 46 48 51
2 7 4 9 6 2 8 5 1 7 3 9 5 2 7 4 1 6 3 8 5
5 6 5 6 5 6 6 5 6 5 6 5 6 5 6
2 7 4 9 6 2 8 5 1 7 3 9 5 2 7 4 1 6 3 8 5
9 2 4 6 8 1 4 6 8 1 3 5 7 9 2 5 7 9 2 4
2 6 1 5 9 5 1 5 9 4 8 3 7 2 7 3 7 2 6
8 7 6 5 5 6 6 5 4 3 2 1 9 9 1 1 9 8
6 4 2 1 2 3 2 9 7 5 3 1 9 1 2 1 8

468135792

4 6 8 11 13 15 17 19 22 24 26 28 31 33 35 37 39 42

4 6 8 2 4 6 8 1 4 6 8 1 4 6 8 1
2 2 3 2 2 2 2 3 2 2 2 3 2 2 2
4 6 8 2 4 6 8 1 4 6 8 1 4 6 8 1
1 5 1 6 1 5 9 5 1 5 9 5 1 5 9
6 6 7 7 6 5 5 6 6 5 5 6 6 5
3 4 5 4 2 1 2 3 2 1 2 3 2
7 9 9 6 3 3 5 5 3 3 5 5

1 6 3 3 5 5 2 7 3 8 4 1 1 3 3 9
7 9 6 8 1 7 9 1 2 3 5 2 4 6 3
7 6 5 9 8 7 1 3 5 8 7 6 1 9
4 2 5 8 6 8 4 8 4 6 4 7 1
6 7 4 5 5 3 3 3 1 1 2 8
4 2 9 1 8 6 6 4 2 3 1
6 2 1 9 5 3 1 6 5 4
8 3 1 5 8 4 7 2 9
2 4 6 4 3 2 9 2
6 1 1 7 5 2 2

7 9 6 9 6 8 1 8 6 8 1
7 6 6 6 5 9 9 5 5 9
4 3 3 2 5 9 5 1 5
7 6 5 7 5 5 6 6
4 2 3 3 1 2 3
6 5 6 4 3 5
2 2 1 7 8
4 3 8 6

7 2 8 3 7 4
9 1 2 1 2
1 3 3 3

198765432

1 9 18 27 36 45 54 63 72 81 89 98 107
45 49 54 58
1 9 9 9 9 9 9 9 9 9 9 8 8
8 9 9 9 9 9 9 9 9 9 8 9
1 9 9 9 9 9 9 9 9 9 9 8 8
1 9 9 9 9 9 9 9 9 9 8 7
1 9 9 9 9 9 9 9 9 8 6
1 9 9 9 9 9 9 9 8 5
1 9 9 9 9 9 9 8 4
1 9 9 9 9 9 8 3
1 9 9 9 9 8 2
1 9 9 9 8 1
1 9 9 8 9
1 9 8 8
1 8

654321987

6 15 24 33 42 51 59 68 77 86 95 104 113

6 6 6 6 6 6 5 5 5 5 5 5 5
9 9 9 9 9 8 9 9 9 9 9 9
6 6 6 6 6 6 5 5 5 5 5 5 5
3 3 3 3 3 2 1 1 1 1 1 1
6 6 6 6 5 3 2 2 2 2 2
3 3 3 2 8 5 4 4 4 4
6 6 5 1 4 9 8 8 8
3 2 6 5 4 8 7 7
5 8 2 9 3 6 5
4 1 2 3 9 2
5 3 5 3 2
8 8 8 5
7 7 4

159483726

1 5 9 14 18 23 27 32 36 41

1 5 9 5 9 5 9 5 9 5 9 4 9 4
4 4 5 4 5 4 5 4 5 4 4 5 4
1 5 9 5 9 5 9 5 9 5 9 4 9 4
6 5 5 5 5 5 5 5 5 5 4 4 4
2 1 1 1 1 1 1 1 1 9 8 8
3 2 2 2 2 2 2 2 1 8 7
5 4 4 4 4 4 4 3 9 6
9 8 8 8 8 8 7 3 6
8 7 7 7 7 6 1 9
6 5 5 5 4 7 1
2 1 1 9 2 8
3 2 1 2 1
5 3 3 3

951627384

9 15 21 26 32 37 43 48 54 59 65 71 76 82 87 93 98 104 109 115 121 6 5 3 4
9 6 3 8 5 1 7 3 9 5 2 8 4 1 6 3 8 5 1
6 9 2 4 6 8 1 3 5 7 1 3 5 7 9 2 4 6
6 2 6 1 5 9 4 8 3 8 3 8 3 7 2 6 1
8 8 7 6 5 4 3 2 2 2 2 2 9 9 8 7
7 6 4 2 9 7 5 4 4 4 4 2 9 8 6
4 1 6 2 7 3 9 8 8 8 6 2 8 5
5 7 8 9 1 3 8 7 7 5 8 1 4
3 6 8 1 4 2 6 5 3 4 9 5
9 5 9 5 6 8 2 8 7 4 5
5 5 5 2 5 1 1 6 2 9
1 1 7 7 6 2 7 8 2
2 8 5 4 8 9 6 1
1 4 9 3 8 6 7
5 4 3 2 5 4
9 7 5 7 9
7 3 3 7

9 6 8 4 9
1 8 7 1 3 6
9 1 7 9 1 2 4
1 8 2 5 4 6 5 8
5 5 3 8 6 7 8 6 2
7 7 7 5 3 3 4 4 2 9
6 1 6 1 4 8 4 9 4 7 2
9 6 4 2 8 5 3 1 8 5 2 9
1 8 7 6 5 3 2 1 9 8 6 5 4
7 8 8 8 7 8 8 8 8 7 8 8
1 8 7 6 5 3 2 1 9 8 6 5 4
9 4 7
1 8 7 6 5 3 2 1 9 8 6 5 4
1 8 16 24 32 39 47 55 63 71 78 86 94
186429753

567891234

5 6 7 8 9 11 12 13 14 15 16 17 18 19 21 22 23 24 25 26 27 28 29 31
5 6 7 8 9 2 3 4 5 6 7 8 9 1 3 4 5 6 7 8 9 1 2
1 2
5 6 7 8 9 2 3 4 5 6 7 8 9 1 3 4 5 6 7 8 9 1 2
1 1 1 1 2 1 1 1 1 1 1 1 1 2
5 6 7 8 9 2 3 4 5 6 7 8 9 1 3 4 5 6 7 8 9 1 2
2 4 6 8 2 5 7 9 2 4 6 8 1 4 7 9 2 4 6 8 1 3

246813579

2 4 6 8 11 13 15 17 19 22 24 26 28 31 33 35 37 39
2 4 6 8 2 4 6 8 1 4 6 8 1 4 6 8 1368 1368

2 2 2 3 2 2 2 2 3 2 2 2 3 2 2 2 2
2 4 6 8 2 4 6 8 1 4 6 8 1 4 6 8
6 1 5 1 6 1 5 9 5 1 5 9 5 1 5
7 6 6 7 7 6 5 5 6 6 5 5 6 6
4 3 4 5 4 2 1 2 3 2 1 2 3
7 7 9 9 6 3 3 5 5 3 3 5

615948372
1358 1358
6 11 15 19 24 28 33 37 42 46 51 55 59
6 2 6 1 6 1 6 1 6 1 6 1 5
5 4 4 5 4 5 4 5 4 5 4 4
6 2 6 1 6 1 6 1 6 1 6 1 5
8 8 7 7 7 7 7 7 7 7 7 6
7 6 5 5 5 5 5 5 5 5 4
4 2 1 1 1 1 1 1 1 9
6 3 2 2 2 2 2 2 1
9 5 4 4 4 4 4 3
5 9 8 8 8 8 7
5 8 7 7 7 6
4 6 5 5 4
1 2 1 9
3 3 1

1 7 7 7 4 4 4 2

1 9 7 9 7 6 7 6 5
4 6 3 4 5 2 4 3 3 2
7 6 9 3 1 4 7 6 6 6 5
8 8 7 2 1 9 4 3 3 3 3 2
4 4 4 3 8 2 7 6 6 6 6 6 5
2 2 2 2 1 7 4 3 3 3 3 3 3 2
1 1 1 1 1 9 7 6 6 6 6 6 6 6 5
5 5 5 5 5 5 4 3 3 3 3 3 3 3 3 2
7 7 7 7 7 7 7 6 6 6 6 6 6 6 6 6 5
9 9 9 9 9 9 8 9 9 9 9 9 9 9 9 8
7 7 7 7 7 7 7 6 6 6 6 6 6 6 6 6 5
7 16 25 34 43 52 61 69 78 87 96 105 114 123 132 141 149

627384951

6 12 17 23 28 34 39 45 51 56 62 67 73 78 84
6 3 8 5 1 7 3 9 6 2 8 4 1 6 3
6 5 6 5 6 5 6 6 5 6 5 6 5 6
6 3 8 5 1 7 3 9 6 2 8 4 1 6 3
9 2 4 6 8 1 3 6 8 1 3 5 7 9

429753186
4 12 19 27 35 43 51 58 66 74 82 89 97 105 113 121 128 136 144
4 3 1 9 8 7 6 4 3 2 1 8 7 6 5 4 2 1
2 5 9 3
4 3 1 9 8 7 6 4 3 2 1 8 7 6 5 4 2 1

765432198

2 6 1 5 9 4 9 5 9 4 8 3 7
8 7 6 5 4 4 5 5 4 3 2 1
6 4 2 9 8 9 1 9 7 5 3

8 7 8 8 8 8 7 8 8 8 7 8 8 8 8 7 8
4 3 1 9 8 7 6 4 3 2 1 8 7 6 5 4 2 1
7 4 1 8 6 4 1 7 5 3 9 6 4 2 9 6 3

1 6 2 8 8 1 1 7 3 8
7 8 1 7 9 2 8 1 2
6 9 8 7 2 1 9 3
6 8 6 9 3 1 3
5 5 6 3 4 4
1 2 9 7 8
3 2 7 6
5 9 4
5 4
9

372615948

3 7 12 16 21 25 29 34 38 43 47 52 56 61 65 69 74 78 83 87 92
96 101 105 109 114 118 123 127 132 136 141 145 149 154 158 163 167 172
176 181 185 189 194 198 203 207 212 216 221 225 229 234 238 243 247 252
256 261 265 269 274 278 283 287 292 296 301 305 309 314 318 323 327 332
336 341 345 349 354 358 363 367 372 376 381 385 389 394 398 403 407 412
416 421 425 429 434 438 443 447 452 456 461 465 469 474 478 483 487 492
496 501 505 509 514 518 523 527 532 536 541 545 549 554 558

3 7 3 7 3 7
2 7 2 7 2 7 2 7 2 6 2 6 2 6 2 6 2 6
1 6 1 6 1 6 1 6 1 5 1 5 1 5 1 5 1 5
9 5 9 5 9 5 9 5 9 4 9 4 9 4 9 4 9 4
8 4 8 4 8 4 8 4 8 3 8 3 8 3 8 3 8 3
7 3 7 3 7 3 7 3 7 2 7 2 7 2 7 2 7 2
6 2 6 2 6 2 6 2 6 1 6 1 6 1 6 1 6 1
5 1 5 1 5 1 5 1 5 9 5 9

3 7 3 7 3 7 2 7 2 7 2 7 2 7 2 6 2 6 2 6 2 6 2 6 1 6 1 6 1 6 1 6 1 5

186429753

1 8 16 24 32 39 47 55 63 71 78 86 94 102 109 117 125 133 141 148 156
164 172 179 187 195 203 211 218 226 234 242 249 257 265 263 271 278 286
294 302 309 317 325 333 341 348 356 364 372 379 387 395 403 411 418 426
434 442 449 457 465 473 481 488 496 504 512 519 527 535 543 551 558 566 574 582
589 597 605 613 621 628 636 644 652 659 667

1 8 7 6 5 3 2 1
9 8 6 5 4 3 1 9
8 7 6 4 3 2 1 8
7 6 5 4 2 1 9 8

6 5 3 2 1 8 7 6
5 3 2 1 9 8 6 5
4 3 1 9 8 7 6 4
3 2 1 8 7 6 5 4
2 1 9 8 6 5 4 3
2 9 8 7 6 4 3 2
1 9 7 6 5 4 2 1
9 4
7 2
5
9
3
7
4 9
4 7
2 5
9 3
7
1 5
8 3
1 8 7 6 5 3 2 1
9 8 6 5 4 3 1 9 8 7 6 4 3 2 1 8 7
6 5 4 2 1 9 8

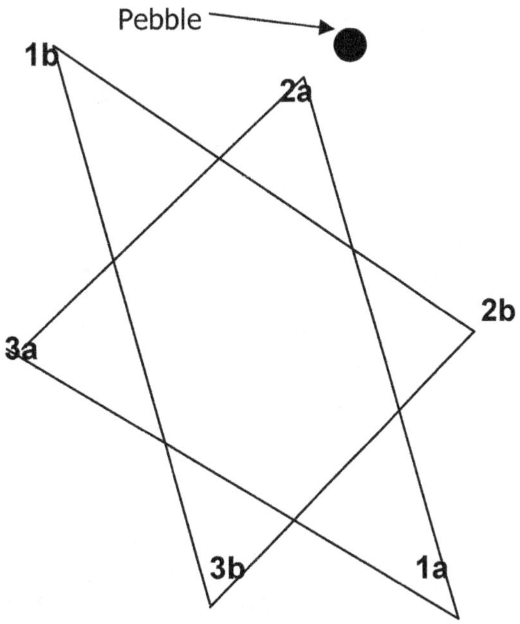
Pebble
1b
2a
2b
3a
3b
1a

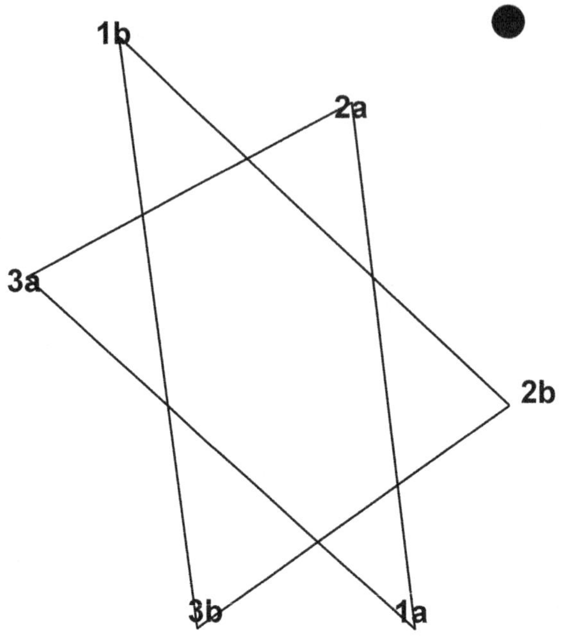
1b
2a
3a
2b
3b
1a

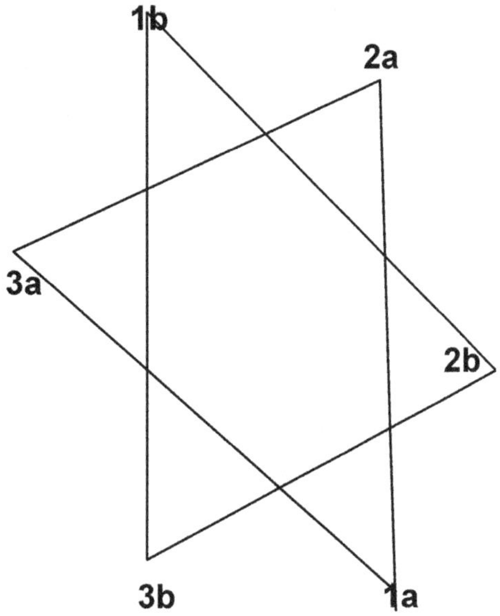
1b
2a
3a
2b
3b
1a

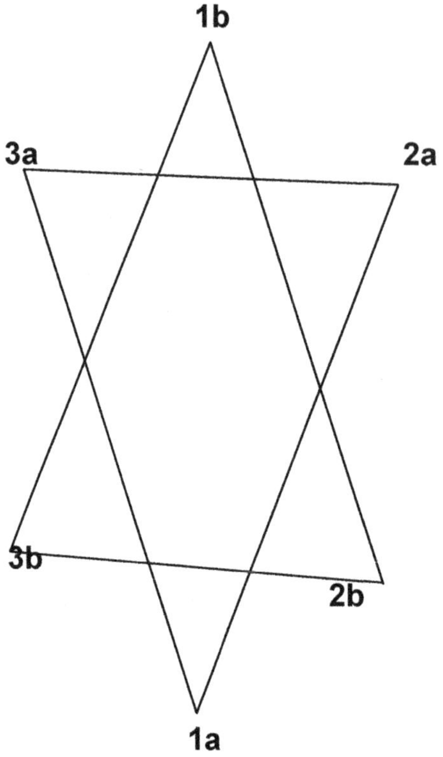
1b
3a
2a
3b
2b
1a

The Source Notes

1 Healing Codes for Biological Apocalypse, Dr. Len Horowitz

2 My Life in Baseball, Ty Cobb

3 The Science of Sound, Rossry Moore Wheeler

4 Ideas and Opinions, Albert Einstein

5 The Rise and Fall of the Third Reich, William L Shiner

6 Little & Ives Complete Book of Science

7 Designing the Molecular World, Philip Ball

8 Information Package Confidential Client File # LUL-136 InventHelp

9 Da Pythagoras Code

10 UFC Ultimate Fighting MMA and Pride with also Dream MMA

11 http://in.youtube.com/watch?v=jt1jVvYc2hs (1:38 into the film)

12 Human Antiquitiy, by Kenneth L. Feder, Michael Alan Park

13 The Civil War, by William C. Davis

14 Worlds Biggest Secret, David Icke

15 Dead Sea Scrolls, Roman Essenes

16 Harper Collins Atlas of World History

17 Gateway of the Gods, Craig Hines

18 Jesus Christ and his Church, Edgar Cayce

19 Cellfood, Dr. David S. Dyer

20 Nature's 12 Magic Healers: The Amazing Secrets of Cell Salts, Lionel Rolfe and Nigey Lennon

21 The Book of Mormon, Joseph Smith

22 The Anatomy Coloring Book, Wynn Kapit Lawrence M. Elson

23 2010: Odyssey Two, Arthur C. Clarke

24 The Drawing of the Three, Stephen King

25 New World Translation of the Holy Scriptures

26 The Marines, Edwin Howard Smmons and J. Robert Moskin being Editor and Editor-in-Chief (the "Corsair 369" and the "tri-elementalists.")

Made in the USA
Monee, IL
08 November 2026

67377475R10050